高职高专"十二五"电力技术类专业系列教材

电 气 运 行

主　编　王卫卫　杨　军　戴海荣
副主编　李家坤　夏　勇　余海明
参　编　汪　锋　张　争　程天龙　刘姣姣
主　审　李　可

机械工业出版社

本书是高职高专"十二五"电力技术类专业系列教材,是根据高职教育的思想结合实际生产编写而成的。

全书共6个项目,按照安全教育、熟悉现场设备、电厂设备的正常运行及检查维护、设备异常及事故处理、蓄电池直流系统及二次回路运行、运行操作的顺序作了介绍。书中每个项目都有知识目标和技能目标,下设基本任务,每个项目完结后有思考题,以便学生在学习及现场实习过程中理解和巩固所学的知识。

本书可供高职高专电力技术类专业学生使用,也可作为从事电气行业的工程技术人员及电气运行工人的参考书或培训教材。

为方便教学,本书配有免费电子课件、教学设计方案、教学指导、电子习题库等教学资源,凡选用本书作为教材的学校,均可来电索取。咨询电话:(010)88379375;电子邮箱:wangzongf@163.com。

图书在版编目(CIP)数据

电气运行/王卫卫,杨军,戴海荣主编.—北京:机械工业出版社,2014.8(2025.1重印)

高职高专"十二五"电力技术类专业系列教材

ISBN 978-7-111-47521-7

Ⅰ.①电… Ⅱ.①王… ②杨… ③戴… Ⅲ.①电力系统运行—高等职业教育—教材 Ⅳ.①TM732

中国版本图书馆 CIP 数据核字(2014)第 169970 号

机械工业出版社(北京市百万庄大街22号 邮政编码100037)

策划编辑:王宗锋 责任编辑:王宗锋 王 琪
版式设计:霍永明 责任校对:刘怡丹
封面设计:路恩中 责任印制:邰 敏
北京富资园科技发展有限公司印刷
2025年1月第1版第8次印刷
184mm×260mm · 11.25 印张 · 1 插页 · 271 千字
标准书号:ISBN 978-7-111-47521-7
定价:34.80 元

电话服务 网络服务

客服电话:010-88361066 机 工 官 网:www.cmpbook.com
　　　　　010-88379833 机 工 官 博:weibo.com/cmp1952
　　　　　010-68326294 金 书 网:www.golden-book.com
封底无防伪标均为盗版 机工教育服务网:www.cmpedu.com

前　言

本书根据高等职业教育的培养目标，从"以学生为主体，以能力为本位，以就业为导向"的教育理念出发，精简理论，结合陆水电厂以及丹江口电厂的实际案例，紧密联系生产实际，重点培养学生的职业意识，是一本校企合作教材。

本书依据生产实际和学生的认知规律设置了6个教学项目，可让学生在实习过程中感知、学习并掌握相关操作技能和专业知识。本书的主要特点有：

1. 以应用为核心，知识适度超前。本书把理论知识与实践技能有机地结合起来，一方面精简理论，便于学生理解和掌握；另一方面尽可能地采用新知识、新器件和新工艺，有助于学生全面了解该领域技术的发展方向。

2. 遵循认知规律，突出项目的层次性，将实践技能和理论知识培养按照由易到难的规律融于各个项目中。

3. 以学生为主体，培养学生的学习能力。本书中每个项目的开始均设有项目教学目标，项目最后设有思考题。这样安排便于学生在学习每个项目时明确应掌握的内容及其深度。

4. 充分考虑读者的需求，做好立体化配套。本书按照立体化的思路进行编写，有配套的电子课件、教学设计方案、教学指导、电子习题库等教学资源，最大限度地为教师教学、备课提供全方位的教学资源服务。

本书由长江工程职业技术学院王卫卫、丹江口水电厂杨军和陆水电厂戴海荣任主编，长江工程职业技术学院李家坤、夏勇以及湖北水利水电职业技术学院余海明任副主编，参加编写的还有长江工程职业技术学院汪锋、张争、程天龙和刘姣姣。其中，项目一由杨军、夏勇编写，项目二由王卫卫、李家坤编写，项目三由张争、余海明编写，项目四由程天龙、刘姣姣编写，项目五由戴海荣、汪锋编写，项目六由王卫卫、戴海荣编写。长江工程职业技术学院李可担任主审。

由于编者水平有限，书中难免有错漏之处，恳请读者批评指正。

编　者

目　　录

项目一　安全教育

> ➢ 项目教学目标
> ◆ 知识目标

了解安全教育的主要内容，明确电气运行的主要内容、电力系统运行组织的组成和划分。掌握工作票制度、操作票制度、运行交接班制度、运行巡回检查制度、设备定期试验与切换制度、运行分析制度等内容。

掌握电气安全用具的用途和使用注意事项。

> ◆ 技能目标

掌握电气运行相关规程。

能够正确使用各种电气安全用具。

任务一　电气运行概述

一、电气运行的主要任务及运行组织

电气运行是指发电厂、变电站、电力系统在电能的发、供、配、用过程中，运行值班人员对发供电设备进行监视、控制、操作和调节，使发供电设备正常运行，同时，对设备运行状态进行分析，在故障情况下，对事故进行处理，保证发电厂、变电站和电力系统安全、稳定、优质、经济运行。

（一）电气运行的主要任务

电气运行的主要任务就是保证电力生产的安全运行和经济运行。

1. 保证安全运行

电力生产的特点是发电、供电、用电同时完成。由于电能不能大规模储存，电力生产的这种特点决定了发电、供电必须有极高的可靠性和连续性，所以电力生产的安全运行十分重要。电气运行中，一旦发生事故，对国民经济、国防建设、人民生活都有着直接的影响，甚至威胁到人的生命安全。因此，电力生产必须保证安全运行。

安全运行是保证电力生产经济、满发和正常供电的前提。只有保证电力生产的安全发电和供电，才能降低成本，提高劳动生产率。为此，电力生产中需加强管理，建立和健全安全生产的规章制度，加强安全生产的教育和技术培训，使运行人员充分认识安全生产的重要意义及不安全生产的危害性，加强工作责任感，加强运行设备的维护，提高设备完好率，提高电力生产的安全运行水平。

2. 保证经济运行

电力生产的经济运行是指电能在生产和输送过程中都要求在最经济的状态下进行，以最少的消耗取得最高的效益。为了保证经济运行，需采取下列措施：

1）提高运行人员的技术水平，加强设备技术管理，消除设备缺陷，杜绝电气运行事故的发生，做到电力生产的安全、经济、满发。

2）在运行时要做到四勤。

① 勤联系：如负荷增加或减少时，电气、汽机（蒸汽机和汽轮机的统称）、锅炉运行值班人员要及时联系，相互调整负荷；

② 勤调整：对负荷、电压、波形要勤调整，以保持运行稳定；

③ 勤分析：如对电压、电流及负荷之间的变化关系进行分析，通过分析，能帮助运行人员掌握运行情况、积累运行经验和发现运行工作中的优缺点；

④ 勤检查：检查设备的运行情况，发现设备缺陷应及时消除，确保安全经济运行。

3）提高厂用机械运行的经济性。厂用机械和电动机在接近额定容量时有最高的效率，而在低负荷下运行时，耗电量将大大增加。在运行调度中要掌握的原则是同时起动的厂用机械要最少，而且要保持每台厂用机械以额定负荷运行。另外，厂用机械要尽量采用高效率、低耗能的新产品，以降低厂用电量。

4）提高锅炉效率，降低煤耗。

综合上述情况，运行中管理好设备，保证安全、满发及低消耗（即发电量和供热量增加，再用电率及煤耗降低），才能达到更好的经济运行。

（二）电力系统运行组织

电力系统中设有各级运行组织和值班人员，分别担负系统中各部分的运行管理工作。

1. 电网调度机构

各级电网均设有电网调度机构（或称电网调度管理机构）。电网调度机构是电网运行的组织、指挥、指导和协调的机构，负责电网的运行。各级调度机构分别由本级电网管理部门直接领导，它既是生产运行单位，又是电网管理部门的职能机构，代表本级电网管理部门在电网运行中行使调度权。

电网调度机构是随电网的发展逐步健全的。目前，我国的电网调度机构是五级调度管理模式，即国调、网调、省调、地调、县调。

国调是国家电力调度通信中心的简称，它直接调度管理各跨省电网和各省级独立电网，并对跨大区域联络线及相应变电站和起联络作用的大型发电厂实施运行和操作管理。

网调是跨省电网电力集团公司设立的调度局的简称，它负责区域性电网内各省间电网的联络线及大容量水电、火电骨干电厂的直接调度管理。

省调是各省、自治区电力公司设立的电网中心调度所的简称。省调负责本省电网的运行管理，直接调度并入省网的大中型水电厂、火电厂和220kV及以上的网络。

地调是省辖市级供电公司设立的调度所的简称，它负责供电公司供电范围内的网络和大、中城市主要供电负荷的管理，兼管地方电厂及企业自备电厂的并网运行。

县调负责本县城乡供配电网络及负荷的调度管理。

2. 发电厂、变电站运行值班单位

目前，发电厂、变电站运行值班实行四值三倒或五值四倒，实行8h或6h轮换值班制度。

无人值班的变电站，由变电站控制中心值班人员监控。发电厂、变电站运行值班的每一个值（或变电站控制中心的每一个值）称为运行值班单位。

采用主控制室方式的发电厂，其运行值班单位由值长、电气值班长、汽轮机值班长、锅炉值班长、燃料值班长、化学值班长及各班值班员组成。电气值班长下设主值班员、副值班员、厂用电工、副厂用电工等。

对于采用集控方式的发电厂，一台机组设置一个机长，机长下设锅炉主控、副控和辅机值班员，汽机主控、副控和辅机值班员，电气主控、副控和电气巡视员等。

变电站的运行值班单位由值班长、主值班员、副值班员、值班助手等组成。

变电站控制中心监视、控制多个无人值班变电站，控制中心每值设置值班人员 2、3 人。

3. 调度指挥系统

由于电力系统是一个有机的整体，系统中任何一个主要设备运行状况的改变，都会影响整个电力系统，因此，电力系统必须建立统一的调度指挥系统。电网调度指挥系统由发电厂、变电站运行值班单位（含变电站控制中心）、电网各级调度机构等组成，电网的运行由电网调度机构统一调度。

我国《电网调度管理条例》规定，调度机构调度管辖范围内的发电厂、变电站的运行值班单位，必须服从该级调度机构的调度，下级调度机构必须服从上级调度机构的调度。

调度机构的调度员在其值班时间内是系统运行工作技术上的领导人，负责系统内的运行操作和事故处理，直接对下属调度机构的调度员、发电厂的值长、变电站的值班长发布调度命令。值长在其值班时间内是全厂运行工作技术上的领导人，负责接受上级调度的命令，指挥全厂的运行操作、事故处理和调度技术管理，直接对下属值班长、机长发布调度命令。

变电站的值班长在其值班时间内，负责接受上级的调度命令，指挥全变电站的正常运行和事故处理。

二、电气运行的管理制度

发电厂和变电站的电气运行的管理制度主要有工作票制度、操作票制度、运行交接班制度、运行巡回检查制度、设备定期试验与切换制度和运行分析制度等。

（一）工作票制度

为了确保工作现场的人身和设备安全，防止各类事故的发生，对运行或备用设备进行检修时，均应填写工作票。电气工作票分为第一种工作票和第二种工作票。

下列工作应填写第一种工作票：

① 高压设备上需要全部停电或部分停电的工作；

② 高压室内的二次接线和照明等回路上需要将高压设备停电或做安全措施的工作。

下列工作应填写第二种工作票：

① 带电作业或带电设备外壳上的工作；

② 控制盘和低压配电盘、配电箱、电源干线上的工作；

③ 二次接线回路上无需将高压设备停电的工作；

④ 转动中的发电机励磁回路或高压电动机转子回路上的工作；

⑤ 非当值值班人员用绝缘棒给电压互感器定相或用钳形电流表测量高压回路电流的工作。

1. 工作票的统一要求

1）工作票应一式两份，用钢笔或圆珠笔填写。

2）工作票应有编号，编号以班组为单位，填写在工作票的右侧。

3）填写工作票时，字迹应清楚无涂改，个别错、漏字需修改时，必须在修改处有该工作票签发人或工作许可人签名，否则该工作票视为不合格。

4）工作票应由工作负责人或签发人填写，设备名称应填写双重名称（设备和编号），安全措施应正确、清楚、完善。

5）工作票签发人不得同时兼任该项工作的负责人。工作许可人不得签发工作票。

6）工作票上签名应签全名。

2. 工作票的开出

1）检修工作开始前工作许可人和工作负责人应共同到现场检查安全措施，并向工作负责人交待清楚注意事项，然后双方在工作票上签名，方可开始工作。

2）工作票一份应保存在工作地点，由工作负责人收执，另一份由工作许可人收执，按值移交。

3）工作票必须记在《工作票登记簿》中。

4）在同一工作时间内，一个工作负责人只能接受一张工作票。

5）工作负责人、工作许可人均不得擅自变更安全措施，但可以补充安全措施。

6）电气第一种工作票必须提前一天送到集控室电气运行班长处，运行班长收到工作票后要填写收到时间并签名。

7）工作期间要求送电或试运转时，工作负责人在试运转前应将全部工作人员撤离现场，并将所持工作票交给工作许可人。工作许可人应收回与该设备有关的全部工作票。

3. 工作票的终结

1）检修工作完工后，工作班人员应清扫、整理现场，然后撤出工作地点，工作负责人和工作许可人应到现场检查设备状况，设备确已具备投运条件后，双方才可办理工作票终结手续。

2）检修工作如不能按许可期限完成，必须由工作负责人办理工作延期手续。

3）工作负责人开工与终结应为同一人（如需变更工作负责人时，工作票签发人应在该项工作票上进行记录并且签名）。

4）在未办理工作票终结手续之前，不准将该设备投入运行。

（二）操作票制度

为保证运行操作的准确、可靠，防止误操作，运行操作时必须严格执行操作票制度。

1. 运行操作的一般要求

1）运行操作对管理方面的要求。

① 要有分级操作项目的规定，操作人和监护人均应由合格人员担任。

② 有与现场设备和当时运行方式相符的主要系统模拟图。

③ 现场设备有准确的命名、编号，切换装置必须标明作用和位置指示，电气相色必须清晰、完备。

④ 使用统一、确切的调度操作术语。

⑤ 正确执行规定的操作程序。

⑥ 有正确的操作票。

⑦ 有合格的操作用具、安全工具和设施条件。

2）任何电气操作必须严格执行《电业安全工作规程》（发电厂和变电站电气部分）。

3）电气的重要操作或多项操作必须使用操作票。

4）6kV以下的电动机停、送电操作凭值长批准的《停送电联系单》执行。

5）电气运行人员按规定需在监护下进行操作。

6）在事故情况下，为限制事故蔓延和迅速恢复正常运行，可不使用操作票。若条件许可，仍需在监护下操作。

7）停役后的设备如转入检修，运行人员应严格按照工作票的要求，做好安全隔离工作。

8）对于电气的重要复杂操作，值长及电气运行班长应留在控制室内密切关注，并做好必要的事故预想。

9）上级调度管辖设备，应按上级值班调度命令执行。

2. 操作程序

使用操作票应严格执行下列程序：

1）发布和接受命令。

2）填写操作票。

3）审核批准，正式发令。

4）现场核对设备，逐项唱票复诵操作。

5）校正模拟图。

6）汇报完成，记录入簿。

3. 各级人员的职责

1）操作人是操作任务的具体执行者，在监护人监护下迅速完成操作，并对各项操作的正确性负主要责任。

2）监护人应审阅操作票，并严肃认真地要求操作人迅速、正确地执行，监护人对所监护的各项操作的准确性与操作人负同样责任。

3）审核人对所审核的操作票的正确性负主要责任。

4）发令人对所发命令的正确性和必要性负全部责任，并对操作票主要次序的正确性负责。

5）电气倒闸操作使用上班预开的操作票时，其操作的正确性、安全性均由操作班负责。

（三）运行交接班制度

为保证机组的安全经济运行，各岗位应认真做好交接班工作，杜绝因交接不清造成的设备异常运行。

1. 交接班条件及注意事项

1）运行人员应根据轮值表进行值班，未经领导同意不得擅自改变。运行人员不允许连续值两个班。

2）交班前，值班负责人应组织全体运行人员进行本班工作小结，提前检查各项记录是否及时登记，并将交接班事项填写在运行日志上。

3）若接班人员因故未到，交班人员应坚守岗位，并汇报班长，待接班人员或分场指派人员前来接班并正式办好交接手续后方可离岗。

4）在重大操作、异常运行以及事故时，不得进行交接班。接班人员可在交班值长、班长的统一领导下，协助上一班进行工作，待重大操作或事故处理告一段落后，由双方值长决定交接班。

5）交班人员如发现接班人员精神异常或酗酒，不应交班，并将情况汇报有关领导。

6）交班前20min和接班后10min一般不进行正常操作。

2. 交接班的具体内容及要求

1）交班前各值班人员应对本岗位所辖设备进行一次全面检查，并将各运行参数控制在规定的范围内。

2）交班人员应将值班期间发现及消除缺陷的情况记录并交待清楚。

3）交班前公用工具、钥匙、材料等应清点齐全，各种记录本、台账应完整无损，现场应打扫干净。

4）交班人员应详细交待本班次内的系统运行方式、异常运行和操作情况，以及上级指示和注意事项。接班人员也应主动向交班人员详细了解上述情况，并核对模拟图及有关报表、表计。

5）交接班应做到"口头清、书面清、现场清"。

6）接班人员提前20min进入现场，并做好以下工作：①详细阅读《交接班记录簿》及有关台账，了解上值本岗位设备运行情况；②听取交班人员对运行情况的陈述，核对有关记录；③按照各岗位的接班检查要求巡视现场，检查并核对设备缺陷及检修情况，清点有关台账和材料；④巡检中发现的问题，及时向交班人员提出，并汇报班长，由双方做好有关记录和说明。

7）接班前5min由班长召开班前会，听取各岗位检查情况汇报，布置本班主要工作、事故预想及注意事项。

8）必须整点交接班，集控室内由值长统一发令，其余外围作业由班长发令，外围岗位按规定交接。

9）双方交接清楚后，应在《交接班记录簿》上签名。接班人员签名后，运行工作的全部责任由接班人员负责。

10）各外围岗位接班后应在10min内向班长汇报，班长接班后15min内向值长汇报，值长30min内向调度汇报，并逐级布置本值内的主要工作、事故预想及注意事项。

11）正式交班后，交班班长应根据情况召开班后会，小结当班工作。

（四）运行巡回检查制度

巡回检查是保证设备安全运行、及时发现和处理设备缺陷及隐患的有效手段，每个运行值班人员应按各自的岗位职责，认真、按时执行巡回检查制度。巡回检查分交接班检查、经常监视检查和定期巡回检查。

1. 巡回检查的要求

1）值班人员必须认真、按时巡视设备。

2）值班人员必须按规定的设备巡视路线巡视本岗位所分工负责的设备，以防漏巡设备。

3）巡回检查时应带好必要的工具，如手套、手电、电笔、防尘口罩、套鞋及听音器等。

4）巡回检查时必须遵守有关安全规定。不要触及带电、高温、高压、转动等设备危险部位，以防危及人身和设备安全。

　　5）检查中若发现异常情况，应及时处理、汇报，若不能处理，应填写缺陷单，并及时通知有关部门处理。

　　6）检查中若发生事故，应立即返回自己的岗位处理事故。

　　7）巡回检查前后，均应汇报班长，并作好有关记录。

2. 巡回检查的有关规定

　　1）每班值班期间，对全部设备检查应不少于3次，即交、接班各一次，班间相对高峰负荷时一次。

　　2）对于天气突变、设备存在缺陷及运行设备失去备用等各种特殊情况，应临时安排特殊检查或增加巡视次数，并作好事故预想。

　　3）对检修后的设备以及新投入运行的设备，应加强巡视。

　　4）事故处理后应对设备、系统进行全面巡视。

3. 巡回检查设备的基本方法

　　1）巡回检查时必须集中思想，做到眼看、耳听、鼻闻、手摸，详细掌握设备运行情况。

　　2）在毛毛雨和雾雪天，应检查绝缘子有否闪络、放电现象。

　　3）利用日光检查户外绝缘子是否有裂纹。

　　4）在高温、高负荷时，可根据示温片熔化等情况，检查设备是否过热。

　　5）设备操作后要作重点检查，特别是断路器跳闸后的检查。

　　6）气候突然变化（如变热、变冷）时，要检查注油设备的油位情况。

　　7）根据历次事故处理的经验教训，重点检查设备运行的薄弱环节。

（五）设备定期试验与切换制度

　　为了保证备用设备的完好性，确保运行设备故障时备用设备能正确投入工作，提高运行可靠性，必须对设备定期进行试验与切换。

　　设备定期试验与切换的要求如下：

　　1）运行各班、各岗位应按规定的时间、内容和要求，认真做好设备的定期试验、切换、加油、测绝缘等工作。班长在接班前应查阅设备定期工作项目，在班前会上进行布置，并督促实施。

　　2）如遇机组起停或事故处理等特殊情况，不能按时完成有关定期工作时，应向值长或分场申明理由并获同意后，在交接班记录簿内记录说明，以便下一班补做。

　　3）经试验、切换发现缺陷时，应及时通知相关检修人员处理，并填写缺陷通知单。若一时不能解决的，经生产副厂长或总工程师同意，可作为事故或紧急备用。

　　4）电气测量备用辅助电动机绝缘不合格时，应及时通知检修人员处理。

　　5）各种试验、切换操作均应按岗位职责做好操作和监护，试验前应做好相应的安全措施和事故预想。

　　6）定期试验与切换中发生异常或事故时，应按运行规程进行处理。

　　7）运行人员应将本班定期工作的执行情况、发现问题及未执行原因及时登记在《定期试验切换记录簿》内，并做好交接班记录。

　　电气设备的定期试验与切换应按现场规定执行。

（六）运行分析制度

运行分析是确保发电厂安全、经济运行的一项重要工作，通过对各个运行参数、运行记录和设备运行状况的全面分析，及时采取相应措施，消除缺陷或提出防止事故发生的对策，并为设备技术改进、运行操作改进和合理安排运行方式提供依据。

运行分析的内容包括岗位分析、专业分析、专题分析和异常运行及事故分析。

1）岗位分析。运行人员在值班期间对仪表活动、设备参数变化、设备异常和缺陷、操作异常等情况进行分析。

2）专业分析。专业技术人员将运行记录整理后，进行定期的系统计分析。

3）专题分析。根据总结经验的要求，进行某些专题分析，如机组起停过程分析、大修前设备运行状况和改进的分析、大修后设备运行工况对比分析等。

4）异常运行及事故分析。发生事故后，对事故处理和有关操作认真进行分析评价，总结经验教训，不断提高运行水平。

为了做好运行分析，要求做到以下几点：

1）运行值班人员在监盘时应集中思想，认真监视仪表指示的变化，按时并准确地抄表，及时进行分析，并进行必要的调整和处理。

2）各种值班记录、运行日志、月报表及登记簿等原始资料应填写清楚，内容正确、完整，保管齐全。

3）记录仪表应随同设备一起投入，指示应正确。若发现记录仪表有缺陷，值班人员应及时通知检修人员修复。

4）发现异常情况，应认真追查和分析原因。

5）发现重大的设备异常或一时难以分析和处理的异常情况时，应逐级汇报，组织专题分析，提出对策，采取紧急措施，同时运行人员应做好事故预想。

（七）其他制度

1）设备缺陷管理制度。该制度是为了及时消除影响安全运行或威胁安全生产的设备缺陷，提高设备的完好率，保证安全生产的一项重要制度。

该制度规定了运行值班人员管辖的设备缺陷范围、发现设备缺陷的汇报、设备缺陷的登记和缺陷记录的主要内容等。

2）运行管理制度。该制度包括做好备品（如熔断器、电刷等）、安全用具、图样、资料、钥匙及测量仪表等的管理规定。

3）运行维护制度。运行维护主要指对电刷、熔断器等部件的维护。发现的其他设备缺陷，运行值班人员能处理的应及时处理，不能处理的由检修人员或协助检修人员进行处理。以保证设备处于良好的运行状态。

任务二　安全用电及救助

一、人体触电

从事电类工作的人员，必须懂得安全用电常识，树立"安全责任重于泰山"的观念，避免发生触电事故，以保护人身和设备的安全。

人体是导体，当发生触电导致电流通过人体时，会使人体受到不同程度的伤害。由于触电的种类、方式及条件不同，受伤害的后果也不一样。

1. 人体触电的种类

人体触电有电击和电伤两类。

电击是指电流通过人体时所造成的内伤。它可造成肌肉抽搐、内部组织损伤，造成发热、发麻、神经麻痹等，严重时将引起昏迷、窒息，甚至心脏停止跳动、血液循环中止而死亡。通常说的触电，多是指电击。触电死亡绝大部分是电击造成。

电伤是在电流的热效应、化学效应、机械效应及电流本身作用下造成的人体外伤。常见的有灼伤、烙伤和皮肤金属化等现象。

灼伤由电流的热效应引起，主要是指电弧灼伤，会造成皮肤红肿、烧焦或皮下组织损伤；烙伤也是由电流热效应引起，是指皮肤被电气发热部分烫伤或由于人体与带电体紧密接触而留下肿块、硬块，使皮肤变色等；皮肤金属化则是指由电流热效应和化学效应导致熔化的金属微粒渗入皮肤表层，使受伤部位皮肤带金属颜色且留下硬块。

2. 人体触电方式

1）单相触电。这是常见的触电方式，人体的一部分接触带电体的同时，另一部分与大地或零线（中性线）相接，电流从带电体流经人体到大地（或零线）形成回路，这种触电称为单相触电，如图 1-1 所示。在接触电气线路（或设备）时，若不采用防护措施，一旦电气线路或设备绝缘损坏漏电，将引起间接的单相触电。若站在地面上误触带电体的裸露金属部分，将造成直接的单相触电。

2）两相触电。人体的不同部位同时接触两相电源带电体而引起的触电称为两相触电，如图 1-1 所示。对于这种情况，无论电网中性点是否接地，人体所承受的电压将比单相触电时高，危险性更大。

3）跨步电压触电。雷电流入大地时，或载流电力线（特别是高压线）断落到大地上时，会在导线接地点及周围形成强电场，其电位分布以接地点为圆心向周围扩散、逐步降低而在不同位置形成电位差（电压），人、畜在这种电压作用下，电流从接触高电位的脚流进，从接触低电位的脚流出，这就是跨步电压触电，如图 1-2 所示。

图 1-1 单相触电和两相触电

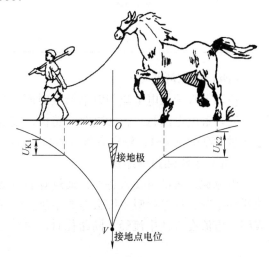

图 1-2 跨步电压触电

4）悬浮电路触电。220V工频电流通过变压器（一、二次绕组相互隔离）的一次绕组后，从二次侧输出的电压线不接地，且变压器绕组间不漏电时，即二次绕组相对于大地处于悬浮状态。若人站在地上接触其中一根带电导线，不会构成电流回路，没有触电感觉。如果人体一部分接触二次绕组的一根导线，另一部分接触该绕组的另一导线，则会造成触电。某些电子设备的金属底板是悬浮电路的公共接地点，在接触或检修这类机器的电路时，如果一只手接触电路的高电位点，另一只手接触低电位点，即用人体将电路连通造成触电，这就是悬浮电路触电。在检修这类机器时，一般要求单手操作，特别是电位比较高时更应如此。

二、电流伤害人体的因素

人体对电流的反应非常敏感，触电时电流对人体的伤害程度与以下几个因素有关。

（一）电流的大小

触电时，流过人体的电流是造成损伤的直接因素。人们通过大量试验，证明通过人体的电流越大，对人体的损伤越严重。

（二）电压的高低

人体接触的电压越高，流过人体的电流越大，对人体的伤害越严重。但在触电事例的分析统计中，70%以上的死亡者是在对地电压为250V以下的低压下触电的。如以触电者人体电阻为$1k\Omega$计，在220V电压作用下，通过人体的电流是220mA，能迅速使人致死。对地250V以上的高压，本来危险性更大，但由于人们接触少，且对它警惕性较高，所以触电死亡事例约在30%以下。

（三）频率的高低

实践证明，40~60Hz的交流电对人最危险，随着频率的升高，触电危险程度将下降。高频电流不仅不会伤害人体，还能用于治疗疾病。表1-1表明了这种关系。

表1-1　电流频率对人体的影响

电流频率/Hz	对人体的伤害
50~100	有45%的死亡率
125	有25%的死亡率
>200	基本上消除了触电危险

（四）时间的长短

技术上常用触电电流与触电持续时间的乘积（称为电击能量）来衡量电流对人体的伤害程度。触电电流越大，触电时间越长，则电击能量越大，对人体的伤害越严重。若电击能量超过150mA·s时，触电者就有生命危险。

（五）电流通过的路径

电流通过头部可使人昏迷；通过脊髓可能导致肢体瘫痪；通过心脏可造成心跳停止、血液循环中断；通过呼吸系统会造成窒息。可见，电流通过心脏时，最容易导致死亡。表1-2表明了电流在人体中流经不同路径时，通过心脏的电流占通过人体总电流的百分比。

表 1-2　电流通过人体的路径对人体的影响

电流通过人体的路径	通过心脏的电流占通过人体总电流的百分数（%）
从一只手到另一只手	3.3
从右手到右脚	3.7
从右手到左脚	6.7
从一只脚到另一只脚	0.4

从表中可以看出，电流从右手流到左脚危险性最大，同时可参见图 1-3。

（六）人体状况

人的性别、健康状况、精神状态等与触电伤害程度有着密切关系。女性比男性触电伤害程度约严重 30%；小孩与成人相比，触电伤害程度也要严重得多；体弱多病者比健康人容易受电流伤害。另外，人的精神状况，对接触电器有无思想准备，对电流反应的灵敏程度，醉酒、过度疲劳等都可能增加触电事故的发生次数并加重受电流伤害的程度。

（七）人体电阻的大小

人体电阻越大，受电流伤害越轻。通常人体电阻可按 1 ~ 2kΩ 考虑。这个数值主要由皮肤表面的电阻值决定。如果皮肤表面角质层损伤，皮肤潮湿、流汗、带着导电粉尘等，将会大幅度降低人体电阻，增加触电伤害程度。

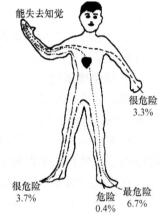

图 1-3　电流通过人体的路径

三、安全电压

人体触电时，人体所承受的电压越低，通过人体的电流就越小，触电伤害就越轻。当电压低到某一定值以后，对人体就不会造成伤害。在不带任何防护设备的条件下，当人体接触带电体时对各部分组织（如皮肤、神经、心脏、呼吸器官等）均不会造成伤害的电压值，称为安全电压。它通常等于通过人体的允许电流与人体电阻的乘积，在不同场合，安全电压的规定是不相同的。

1. 人体电阻

人体电阻包括体内电阻、皮肤电阻和皮肤电容。因皮肤电容很小，可忽略不计；体内电阻基本上不受外界影响，差不多是定值，约为 0.5kΩ；皮肤电阻占人体电阻的绝大部分。但皮肤电阻随着外界条件的不同可在很大范围内变化。皮肤表面 0.05 ~ 0.2mm 的角质层电阻高达 10 ~ 100kΩ，但这层角质层容易遭到破坏，在计算安全电压时不宜考虑在内，除去角质层，人体电阻一般不低于 1kΩ，通常应考虑在 1 ~ 2kΩ 范围内。

影响人体电阻的因素很多，除皮肤厚度外，皮肤潮湿、多汗、有损伤、带有导电粉尘，对带电体接触面大、接触压力大等都将减小人体电阻，加大触电电流，增加触电危险。

人体电阻还与接触电压有关，接触电压升高，人体电阻将按非线性规律下降，如图 1-4 所示。

图中，曲线 a 表示人体电阻的上限，曲线 c 表示人体电阻的下限，曲线 b 表示人体电阻的平均值，曲线 a 与曲线 b 之间对应于干燥皮肤，曲线 b 与曲线 c 之间对应于潮湿皮肤。

2. 人体允许电流

人体允许电流是指发生触电后触电者能自行摆脱电源，解除触电危害的最大电流。在通常情况下，人体的允许电流，男性为 9mA，女性为 6mA；在设备和线路装有触电保护设施的条件下，人体允许电流可达 30mA；但在容器中，在高空、水面上等可能因电击造成二次事故（如再次触电、摔死、溺死等）的场所，人体允许电流应按不引起强烈痉挛的 5mA 考虑。

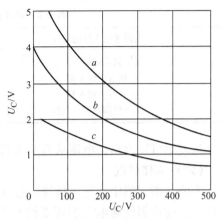

图 1-4　人体电阻与接触电压的关系

必须指出，这里所说的人体允许电流不是人体长时间能承受的电流。

3. 安全电压值

我国有关标准规定，12V、24V 和 36V 三个电压等级为安全电压级别，不同场所应选用的安全电压等级不同。

在湿度大、狭窄、行动不便、周围有大面积接地导体的场所（如金属容器内、矿井内、隧道内等）使用的手提照明灯，应采用 12V 安全电压。

凡手提照明器具，在危险环境、特别危险环境的局部照明灯，高度不足 2.5m 的一般照明灯，携带式电动工具等，若无特殊的安全防护装置或安全措施，均应采用 24V 或 36V 安全电压。

安全电压的规定是从总体上考虑的，对于某些特殊情况或某些人也不一定绝对安全。是否安全与人的现时状况（主要是人体电阻）、触电时间长短、工作环境、人与带电体的接触面积和接触压力等都有关系，所以即使在规定的安全电压下工作，也不可粗心大意。

四、触电原因及预防措施

触电包括直接触电和间接触电两种。直接触电是指人体直接接触或过分接近带电体而触电；间接触电指人体触及正常时不带电而发生故障时才带电的金属导体。

1. 触电的常见原因

触电的场合不同，引起触电的原因也不同，下面将常见触电原因归纳如下。

（1）电气操作制度不严格、不健全　带电操作时不采取可靠的安全保护措施；不熟悉电路和电器而盲目修理；救护已触电的人时自身不采取安全保护措施；停电检修时不挂警告牌；检修电路和电器时使用不合格的安全保护工具；人体与带电体过分接近又无绝缘措施或屏护措施；在架空线上操作时不在相线上加临时接地线（零线）；无可靠的防高空跌落措施等。

（2）用电设备不合要求　电器设备内部绝缘损坏，金属外壳又未加保护接地措施或保护接地线太短、接地电阻太大；开关、灯具、携带式电器绝缘外壳破损，失去防护作用；开关、熔断器误装在中性线上，一旦断开，就使整个线路带电。

2. 预防触电的措施

（1）绝缘措施　用绝缘材料将带电体封闭起来的措施称为绝缘措施。良好的绝缘是保证电气设备和线路正常运行的必要条件，是防止触电事故的重要措施。

绝缘材料的选用必须与该电气设备的工作电压、工作环境和运行条件相适应，否则容易造成击穿。常用的电工绝缘材料如瓷、玻璃、云母、橡胶、木材、塑料、布、纸、矿物油等，其电阻率多在 $10^7 \Omega \cdot m$ 以上。但应注意，有些绝缘材料如果受潮，会降低甚至丧失绝缘性能。

绝缘材料的绝缘性能往往用绝缘电阻表示，不同的设备或电路对绝缘电阻的要求不同。新装或大修后的低压设备和线路的绝缘电阻不应低于 $0.5 M\Omega/V$，运行中的线路和设备的绝缘电阻为 $1 k\Omega/V$，潮湿工作环境下则要求 $0.5 k\Omega/V$；携带式电气设备的绝缘电阻不应低于 $2 M\Omega/V$；配电盘二次线路的绝缘电阻不应低于 $1 k\Omega/V$，在潮湿环境下不低于 $0.5 k\Omega/V$；高压线路和设备的绝缘电阻不低于 $1000 M\Omega/V$。

（2）屏护措施　采用屏护装置将带电体与外界隔绝开来，以杜绝不安全因素的措施称为屏护措施。常用的屏护装置有遮栏、护罩、护盖、栅栏等。如常用电器的绝缘外壳、金属网罩、金属外壳、变压器的遮栏、栅栏等都属于屏护装置。凡是金属材料制作的屏护装置，应妥善接地或接零。

屏护装置不直接与带电体接触，对所用材料的电气性能没有严格要求，但必须有足够的机械强度和良好的耐热、耐火性能。

（3）间距措施　为防止人体触及或过分接近带电体，为避免车辆或其他设备碰撞或过分接近带电体，为防止火灾、过电压放电及短路事故，同时也为了操作方便，在带电体与地面之间、带电体与带电体之间、带电体与其他设备之间，均应保持一定的安全间距，称为间距措施。例如，导线与建筑物的最小距离见表 1-3。

表 1-3　导线与建筑物最小距离

线路电压/kV	≤1	10.0	35.0
垂直距离/m	2.5	3.0	4.0
水平距离/m	1.0	1.5	3.0

3. 防触电措施

（1）加强绝缘措施　对电气线路或设备采取双重绝缘、加强绝缘或对组合电气设备采用共同绝缘称为加强绝缘措施。采用加强绝缘措施的线路或设备绝缘牢固，难以损坏，即使工作绝缘损坏后，还有一层加强绝缘，不易发生因带电的金属导体裸露而造成的触电。

（2）电气隔离措施　采用隔离变压器或具有同等隔离作用的发电机，使电气线路和设备的带电部分处于悬浮状态，称为电气隔离措施。即使该线路或设备工作绝缘损坏，人站在地面上与之接触也不易触电。

应注意的是：被隔离回路的电压不得超过 500V，其带电部分不得与其他电气回路或大地相连，方能保证其隔离要求。

（3）自动断电措施　在带电线路或设备上发生触电事故或其他事故（短路、过载、欠电压等）时，在规定时间内能自动切断电源而起保护作用的措施称为自动断电措施。如漏电保护、过电流保护、过电压或欠电压保护、短路保护、接零保护等均属自动断电措施。

五、触电急救

在电气操作和日常用电中，如果采取了有效的预防措施，可大幅度减少触电事故，但要绝对避免是不可能的。所以，在电气操作和日常用电中必须作好触电急救的思想和技术准备。

1. 触电的现场抢救措施

（1）使触电者尽快脱离电源　发现有人触电，最关键、最首要的措施是使触电者尽快脱离电源。由于触电现场的情况不同，使触电者脱离电源的方法也不一样。在触电现场经常采用以下几种急救方法：

1）迅速关断电源，把人从触电处移开。如果触电现场远离开关或不具备关断电源的条件，只要触电者穿的是比较宽松的干燥衣服，救护者可站在干燥木板上，如图1-5所示，用一只手抓住衣服将其拉离电源，但切不可触及带电人的皮肤。如这种条件尚不具备，还可用干燥木棒、竹竿等将电线从触电者身上挑开，如图1-6所示。

图1-5　将触电者拉离电源

图1-6　将触电者身上电线挑开

2）如果触电发生在相线与大地之间，一时又不能把触电者拉离电源，可用干燥绳索将触电者的身体拉离地面，或在地面与人体之间塞入一块干燥木板，这样可以暂时切断带电导体通过人体流入大地的电流，然后再设法关断电源，使触电者脱离带电体。在用绳索将触电者拉离地面时，注意不要发生跌伤事故。

3）救护者手边如有现成的刀、斧、锄等带绝缘柄的工具或硬棒时，可以从电源的来电方向将电线砍断或撬断，如图1-7所示。但要注意切断电线时人体切不可接触电线裸露部分和触电者。

图1-7　用绝缘柄工具切断电线

4）如果救护者手边有绝缘导线，可先将一端良好接地，另一端接在触电者所接触的带电体上，造成该相电源对地短路，迫使电路跳闸或熔断熔丝，达到切断电源的目的。在搭接带电体时，要注意救护者自身的安全。

5）若触电者在电杆上，救护者在地面上一时无法施救时，仍可先将绝缘软导线一端良好接地，另一端抛掷到触电者接触的架空线上，使该相对地短路，跳闸断电。在操作时要注意两点：一是不能将接地软线抛在触电者身上，这会使通过人体的电流更大；二是注意不要让触电者从高空跌落。

注意：以上救护触电者脱离电源的方法，不适用于高压触电情况。

（2）脱离电源后的判断　触电者脱离电源后，应根据其受电流伤害的不同程度，采用不同的施救方法。

1）判断呼吸是否停止。将触电者移至干燥、宽敞、通风的地方。将衣、裤放松，使其仰卧，观察胸部或腹部有无因呼吸而产生的起伏动作。若不明显，可用手或小纸条靠近触电者鼻孔，观察有无气流流动，并将手放在触电者胸部，感觉有无呼吸动作，若没有，说明呼吸已经停止。

2）判断脉搏是否搏动。用手检查颈部的颈动脉或腹股沟处的股动脉，看有无搏动。如有，说明心脏还在工作。因为颈动脉或股动脉都是人体大动脉，位置较浅，搏动幅度较大，容易感知，所以经常用来作为判断心脏是否跳动的依据。另外，也可用耳朵贴在触电者心区附近，倾听有无心脏跳动的心音，如有，则心脏还在工作。

3）判断瞳孔是否放大。瞳孔是受大脑控制的一个自动调节大小的光圈。如果大脑机能正常，瞳孔可随外界光线的强弱自动调大小。处于死亡边缘或已经死亡的人，由于大脑细胞严重缺氧，大脑中枢失去对瞳孔的调节功能，瞳孔就会自行放大，对外界光线强弱不再作出反应，如图1-8所示。

瞳孔正常　　　　瞳孔放大

图1-8　瞳孔的比较

根据上述简单判断的结果，对受伤害程度不同、症状表现不同的触电者，可用下面的方法进行不同的救治。

2. 对不同情况的救治

1）触电者神志清醒，只是感觉头昏、乏力、心悸、出冷汗、恶心、呕吐时，应让其静卧休息，以减轻心脏负担。

2）触电者神志断续清醒，一度出现昏迷时，一方面应请医生救治，另一方面应让其静卧休息，随时观察其伤情变化，做好万一恶化的施救准备。

3）触电者已失去知觉，但呼吸、心跳尚存时，应在迅速请医生的同时，将其放在通风、凉爽的地方平卧，给他闻一些氨水，摩擦全身，使之发热。如果出现痉挛，呼吸渐渐衰弱，应立即施行人工呼吸，并准备担架，送医院救治。在去医院途中，如果出现假死现象，应边送医边抢救。

4）触电者的呼吸、脉搏均已停止，出现假死现象时，应针对不同情况对症处理。如果呼吸停止，用口对口人工呼吸法，迫使触电者维持体内外的气体交换；如果心脏停止跳动，可用胸外心脏压挤法，维持人体内的血液循环；如果呼吸、脉搏均已停止，上述两种方法应同时使用，并尽快向医院告急。

下面介绍口对口人工呼吸法和胸外心脏压挤法。

3. 口对口人工呼吸法

对呼吸渐弱或已经停止的触电者，人工呼吸法是行之有效的。在几种人工呼吸法中，效果最好的是口对口人工呼吸法，其操作步骤如下。

1）使触电者仰卧，松开衣、裤，以免影响呼吸时胸廓及腹部的自由扩张。再将颈部伸直，头部尽量后仰，掰开口腔，清除口中脏物，取下义齿，如果舌头后缩，应拉出舌头，使进出人体的气流畅通无阻，如图1-9a、b所示。如果触电者牙关紧闭，可用木片、金属片从嘴角处伸入牙缝，慢慢撬开。

2）救护者位于触电者头部一侧，将靠近头部的一只手捏住触电者的鼻子（防止吹气时气流从鼻孔漏出），并用这只手的外缘压住额部，另一只手托其颈部，将颈上抬，这样可使头部自然后仰，避免舌头后缩造成的呼吸阻塞。

3）救护者深呼吸后，用嘴紧贴触电者的嘴（中间也可垫一层纱布或薄布）大口吹气，如图1-9c所示，同时观察触电者胸部的隆起程度，一般应以胸部略有起伏为宜。胸腹起伏过大，说明吹气太多，容易吹破肺泡；胸腹无起伏或起伏太小，则吹气不足，应适当加大吹气量。

4）吹气至触电者可换气时，应迅速离开触电者的嘴，同时放开捏紧的鼻孔，让其自动向外呼气，如图 1-9d 所示。这时应注意观察触电者胸部的复原情况，倾听口鼻处有无呼气声，从而检查呼吸道是否阻塞。

按照上述步骤反复进行，对成年人每分钟吹气 14～16 次，大约每 5s 一个循环，吹气时间稍短（约 2s），呼气时间要长（约 3s）；对儿童吹气，每分钟18～24 次，这时不必捏紧鼻孔，让一部分空气漏掉。对儿童吹气时，一定要掌握好吹气量的大小，不可让其胸腹过分膨胀，防止吹破肺泡。

在口对口人工呼吸时，需要注意以下几点：

1）掌握好吹气压力，刚开始时压力应偏大，频率也稍快一些，待 10～20 次后逐渐降低吹气压力，维持胸腹部的轻度舒张即可。

2）若触电者牙关紧闭，一时无法撬

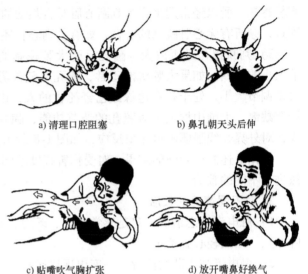

a) 清理口腔阻塞　　　　b) 鼻孔朝天头后伸

c) 贴嘴吹气胸扩张　　　　d) 放开嘴鼻好换气

图 1-9　口对口人工呼吸法

开，可用口对鼻吹气，方法与口对口吹气相似，只是此时应使触电者嘴唇紧闭，防止漏气。口对鼻吹气时，救护者的嘴唇应完全盖紧触电者鼻孔，吹气压力也应稍大，吹气时间稍长，这样有利于外部气体充分进入肺内，以便加速人体内外的气体交换。

4. 胸外心脏压挤法

在触电者心脏停止跳动时，可以有节奏地在胸廓外加力，对心脏进行挤压。利用人工方法代替心脏的收缩与扩张，以达到维持血液循环的目的，具体操作过程如图 1-10 所示。

下面照图 1-10 介绍其操作步骤与要领：

1）使触电者仰卧在硬板上或平整的硬地面上，解松衣裤，救护者跪跨在触电者腰部两侧。

2）救护者将一只手的掌根按于触电者胸骨以下横向 1/2 处，中指指尖对准颈根凹膛下边缘，另一只手压在那只手的背上呈两手交叠状，肘关节伸直，靠体重和臂与肩部的用力，向触电者脊柱方向慢慢压迫胸骨下段，使胸廓下陷 3～5cm，由此使心脏受压，心室的血液被压出，流至触电者全身各部。

3）双掌突然放松，依靠胸廓自身的弹性，使胸腔复位，让心脏舒

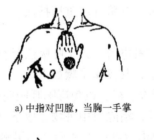

a) 中指对凹膛，当胸一手掌　　　　b) 掌根用力向下压

c) 慢慢向下　　　　d) 突然放

图 1-10　胸外心脏压挤法

张，血液流回心室。放松时，交叠的两掌不要离开胸部，只是不加力而已。

重复步骤2)、3)，每分钟60次左右。

在做胸外心脏压挤时，应注意以下几点：

1）压挤位置和手掌姿势必须正确，下压的区域在胸骨以下横向1/2处，即两个乳头连线中间稍偏下方，接触胸部只限于手掌根部，手指应向上，与胸骨、肋骨之间保持一定距离，不可全掌着力。

2）用力时要对脊柱方向下压，要有节奏，有一定冲击性，但不能用大的爆发力，否则将造成胸部骨骼损伤。

3）挤压时间和放松时间大体一样。

4）对心跳和呼吸都已停止的触电者，如果救护者有两人，可以同时进行口对口人工呼吸和胸外心脏压挤，效果更好，但两人必须配合默契。如果救护者只有一人，也可两种方法交替进行。做法如下：先用口对口人工呼吸法向触电者吹气两次，然后立即在胸外压挤心脏15次，再吹气两次，再压挤15次，如此反复进行，直到将人救活或医生确诊已无法抢救为止。

5）对小孩，只用一只手的根部加压，并酌情掌握压力的大小，以每分钟100次左右为宜。

无论是施行口对口人工呼吸法还是胸外心脏压挤法，都要不断观察触电者的面部表情，如果发现其眼皮、嘴唇会动，喉部有吞咽动作，则证明他自己有一定的呼吸能力，应暂时停止几秒，观察其自动呼吸的情况，如果呼吸不能正常进行或者很微弱，应继续进行人工呼吸和胸外心脏压挤，直到能正常呼吸为止。在触电者呼吸未恢复正常以前，无论什么情况，包括送医院途中、雷雨天气（雷雨时可移至室内）或时间已进行得很长而效果不甚明显等，都不能中止这种抢救。事实上，用人工呼吸法抢救的触电者中，有长达7~10h才救活的案例。

任务三　安全用具的使用

一、安全用具概述

在电气运行中，运行值班人员要从事不同的工作和进行不同的操作，而生产实践又告诉我们，为了顺利完成工作任务而又不发生人身事故，运行值班人员必须携带和使用各种安全用具。例如：对运行中电气设备进行巡视、改变运行方式、检修试验时需要采用电气安全用具；在带电的电气设备上或邻近带电设备的地方工作时，为了防止工作人员触电或被电弧灼伤，需使用绝缘安全用具等。所以，安全用具是防止触电、电弧灼伤等工伤事故，保障运行值班人员安全的各种专用工具和用具，这些工具是电气运行值班人员作业中不可缺少的。

安全用具按用途可分为电气操作安全用具、电气测量安全用具、防护和标示安全用具及高空作业安全用具等。

二、电气操作安全用具

1. 绝缘棒

绝缘棒又称绝缘杆、操作杆，如图1-11所示。

（1）主要用途　绝缘棒用来接通或断开带电的高压隔离开关、跌落开关，安装和拆除临时接地线以及完成带电测量和试验工作。

（2）结构及规格　绝缘棒的结构主要由工作部分、绝缘部分和握手部分构成。

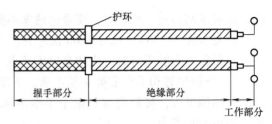

图 1-11　绝缘棒的结构

1）工作部分一般由金属或具有较大机械强度的绝缘材料（如玻璃钢）制成，一般不宜过长。在满足工作需要的情况下，长度不应超过 5～8m，以免操作时发生相间或接地短路。

2）绝缘部分和握手部分是用浸过绝缘漆的木材、硬塑料、胶木等制成的，两者之间由护环隔开。绝缘棒的绝缘部分须光洁、无裂纹或硬伤，其长度根据工作需要、电压等级和使用场所而定，如 110kV 以上电气设备使用的绝缘棒，其长度为 2～3m。

3）为了便于携带和保管，往往将绝缘棒分段制作，每段端头有金属螺钉，用于相互连接，也可用其他方式连接，使用时将各段接上或拉开即可。

（3）使用和保管注意事项

1）使用绝缘棒时，工作人员应戴绝缘手套和穿绝缘靴（鞋），以加强绝缘棒的安全保护作用。

2）在下雨、下雪天用绝缘棒操作室外高压设备时，绝缘棒应有防雨罩，以使罩下部分的绝缘棒保持干燥。

3）使用绝缘棒时要注意防止碰撞，以免损坏表面的绝缘层。

4）绝缘棒应存放在干燥的地方，以防止受潮。一般应放在特制的架子上或垂直悬挂在专用挂架上，以防弯曲变形。

5）绝缘棒不得直接与墙或地面接触，以防碰伤其绝缘表面。

2. 绝缘夹钳

（1）主要用途　绝缘夹钳是用来安装和拆卸高压熔断器或执行其他类似工作的工具，主要用于 35kV 及以下电力系统。

（2）主要结构　绝缘夹钳由工作钳口、绝缘部分（钳身）、握手部分（钳把）和护环组成如图 1-12 所示。各部分所用材料与绝缘棒相同，只是它的工作部分是一个强固的夹钳，并有一个或两个管形的钳口，用以夹紧熔断器。它的绝缘部分和握手部分的最小长度不应小于表 1-4 数值，主要依电压和使用场所而定。如图 1-12 所示。

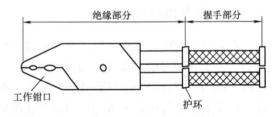

图 1-12　绝缘夹钳的结构

表 1-4　绝缘夹钳的最小长度

电压/kV	户内设备用		户外设备用	
	绝缘部分/m	握手部分/m	绝缘部分/m	握手部分/m
10	0.45	0.15	0.75	0.20
35	0.75	0.20	1.20	0.20

（3）使用和保管注意事项

1）绝缘夹钳上不允许装接地线，以免在操作时由于接地线在空中摆动而造成接地短路和触电事故。

2）在潮湿天气只能使用专用的防雨绝缘夹钳。

3）作业人员工作时，应戴护目眼镜、绝缘手套和穿绝缘靴（鞋）或站在绝缘台（垫）上，手握绝缘夹钳要精力集中并保持平衡。

4）绝缘夹钳要保存在专用的箱子或匣子里，以防受潮和磨损。

3. 绝缘手套

（1）作用　绝缘手套是在高压电气设备上进行操作时使用的辅助安全用具，如用来操作高压隔离开关、高压跌落开关、油断路器等；在低压带电设备上工作时，把它作为基本安全用具使用，即使用绝缘手套可直接在低压设备上进行带电作业。绝缘手套可使人的两手与带电物绝缘，是防止同时触及不同极性带电体而触电的安全用品。

（2）使用及保管注意事项

1）每次使用前应进行外部检查，查看表面有无损伤、磨损或破漏、划痕等。

2）使用绝缘手套时，里面最好戴上一双棉纱手套，这样夏天可防止因出汗而操作不便，冬天可以保暖。戴手套时，应将外衣袖口放入手套的伸长部分。

3）绝缘手套应存放在干燥、阴凉的地方，并应倒置在指形支架上或存放在专用的柜内，与其他工具分开放置，其上不得堆压任何物件。

4）绝缘手套不得与石油类的油脂接触，合格与不合格的绝缘手套不能混放在一起，以免使用时拿错。

4. 绝缘靴（鞋）

（1）作用　绝缘靴（鞋）的作用是使人体与地面绝缘。绝缘靴是高压操作时来与地保持绝缘的辅助安全用具，而绝缘鞋用于低压系统中，两者都可以作为防护跨步电压的基本安全用具。

（2）使用及保管注意事项

1）绝缘靴（鞋）不得当作雨鞋或作其他用，其他非绝缘靴（鞋）也不能代替绝缘靴（鞋）使用。

2）绝缘靴（鞋）在每次使用前应进行外部检查，查看表面有无损伤、磨损或破漏、划痕等，如有砂眼漏气，应禁止使用。

3）绝缘靴（鞋）应存放在干燥、阴凉的地方，并应存放在专用的柜内，其上不得堆压任何物件。

4）不得与石油类的油脂接触，合格与不合格的绝缘靴（鞋）不能混放在一起，以免使用时拿错。

5. 绝缘垫

（1）作用　绝缘垫的安保作用与绝缘靴基本相同，因此可把它视为是一种固定的绝缘靴。

（2）使用中的注意事项

1）在使用过程中，应保持绝缘垫干燥、清洁，注意防止与酸、碱及各种油类物质接触，以免受腐蚀后老化、龟裂或变粘，降低其绝缘性能。

2）使用过程中要经常检查绝缘垫有无裂纹、划痕等，发现问题时要立即禁用，及时更换。

6. 绝缘台

（1）作用 绝缘台可用在任何电压等级的电力装置中，是带电工作时的辅助安全用具，其作用与绝缘垫、绝缘靴相同。

（2）使用及注意事项

1）绝缘台多用于变电所和配电室内。如用于户外，应将其置于坚硬的地面，不应放在松软的地面或泥草中，以避免台脚陷入泥土中造成台面触及地面而降低绝缘性能。

2）绝缘台的台脚绝缘瓷瓶应无裂纹、破损，木质台面要保持干燥清洁。

3）绝缘台使用后应妥善保管，不得随意蹬、踩或用做板凳。

三、电气测量安全用具

1. 高压验电器

验电器又称测电器、试电器或电压指示器，它可分为高压或低压两类。根据所使用的工作电压，高压验电器一般制成 10kV 和 35kV 两种。

（1）用途 高压验电器是检验高压电气设备、电器、导线上是否有电的一种专用安全用具。当每次断开电源进行检修时，必须先用它验明设备确实无电后，方可进行工作。

（2）结构 验电器可分为指示器和支持器两部分。

1）指示器是一个用绝缘材料制成的空心管，管的一端装有金属制成的工作触头，管内装有一个氖灯和一组电容器，在管的另一端装有一金属接头，用来将管接在支持器上。

2）支持器是用胶木或硬橡胶制成的，分为绝缘部分和握手部分（握柄），在两者之间装有一个比握柄直径稍大的隔离护环。

（3）使用注意事项

1）必须使用电压和被验设备电压等级相一致的合格验电器。验电操作顺序应按照验电"三步骤"进行：在验电前，应将验电器在带电的设备上验电，以验证验电器是否良好；然后再在设备进出线两侧逐相验电；当验电无电后再把验电器在带电设备上复核一下，验证其是否良好。

2）验电时，应戴绝缘手套，验电器应逐渐靠近带电部分（直到氖灯发亮为止），验电器不要立即直接触及带电部分。

3）验电时，验电器不应装接地线，除非在木梯、木杆上验电。不接地不能指示者，才可装接地线。

4）验电器用后应存放于匣内，置于干燥处，避免积灰和受潮。

2. 低压验电器

低压验电器又称试电笔或验电笔。

（1）用途 这是一种检验低压电气设备、电器或线路是否带电的一种安全用具，也可以用来区分相线（俗称火线）和地线（中性线）。试验时氖管发亮的即为相线。此外还可以用它区分交、直流电：当交流电通过氖管时，两极附近都发亮；而直流电通过氖管时，仅一个电极发亮。

（2）使用

1）使用时，手拿验电笔，用一个手指触及金属笔卡，金属笔尖顶端接触被检查的带电部分，看氖管是否发亮。如果发亮，则说明被检查的部分是带电的，并且氖管越亮，说明电压越高。

2）验电笔在使用前要在确知有电的设备或线路上试验一下，以证明其可以正常工作。

3）验电笔并无高压验电器的绝缘部分，故绝不允许在高压电气设备或线路上进行试验，以免发生触电事故，只能在 100～500V 内使用。

3. 钳形电流表

（1）用途 钳形电流表简称钳表，是用来测量线路与电气设备电流的一种携带式电流表计，它适用于 10kV 及以下的电气设备。钳形电流表按其电压等级划分，有高压钳形电流表、低压钳形电流表两种类型。

（2）使用注意事项

1）在使用高压钳形电流表时，必须戴绝缘手套，穿绝缘靴（鞋），同时必须有监护人监护方可进行。严格禁止一人单独工作，以免发生事故。

2）为避免事故发生，潮湿或雨天不得在户外使用钳形电流表测量电气设备所负载的电流；当雷雨天气频繁时，也不得在户内使用钳形电流表进行测量。

3）应对钳形电流表每年进行一次定期的绝缘检验与耐压试验，特别是对高压钳形电流表，更要严格、认真地进行。

四、防护和标示安全用具

防护和标示安全用具也是保证人身安全，防止发生人身触电事故的重要安全工具之一，如安全带、安全帽、防护眼镜和安全标示牌等。因此要求从事电气运行、维护与检修的工作人员，给予足够的重视，绝不能掉以轻心。

1. 携带型接地线

（1）作用 当对高压设备进行停电检修或进行其他工作时，接地线可防止设备突然来电和邻近高压带电设备产生感应电压对人体的危害，还可用于放尽断电设备的剩余电荷。

（2）组成 携带型接地线由以下几部分组成：

1）专用夹头（线夹）。可分为连接接地线与接地装置的专用夹头、连接短路线与接地线部分的专用夹头和连接短路线与母线的专用夹头。

2）多股软铜线。其中相同的 3 根短的软铜线是连接三根相线用的，它们的另一端短接在一起；一根长的软铜线是连接接地装置端的。多股软铜线的截面积应符合短路电流的要求，即在短路电流通过时，铜线不会因产生高热而熔断，且应保持足够的机械强度，故该铜线截面积不得小于 25mm^2。铜线截面积的选择应视该接地线所处的电力系统而定。电力系统比较大，短路容量也大，这时应选择截面积较大的短路铜线。

（3）装拆顺序 接地线装拆顺序的正确与否是很重要的。装设接地线必须先接接地端，后接导体端，且必须接触良好；拆接地线的顺序与此相反。

（4）使用过程中的注意事项

1）使用时，接地线的连接器（线卡或线夹）装上后接触应良好，并有足够的夹持力，以防短路电流幅值较大时，由于接触不良而熔断或因电动力的作用而脱落。

2）应检查接地铜线和三根短接铜线的连接是否牢固，一般应由螺钉栓紧后，再加焊锡焊牢，以防因接触不良而熔断。

3）装设接地线必须由两人进行，装拆接地线均应使用绝缘棒和戴绝缘手套。

4）接地线在每次装设以前应经过详细检查，损坏的接地线应及时修理或更换，禁止使用不符合规定的导线作接地线或短路线之用。

5）接地线必须使用专用线夹固定在导线上，严禁用缠绕的方法进行接地或短路。

6）接地线和工作设备之间不允许连接刀开关或熔断器，以防它们断开时，设备失去接地，使检修人员发生触电事故。

7）在装设临时接地后，须进行登记并交待其地点、接地线编号。在拆卸时，须按登记地点、接地线编号逐一核对拆卸，并同时进行登记。

2. 安全标示牌

安全标示牌用来警告工作人员，不得接近设备的带电部分，提醒工作人员在工作地点采取安全措施，以及表明禁止向某设备合闸送电，指出为工作人员准备的工作地点等。

安全标示牌按其用途分为禁止类、警告类和允许类三种。

1）禁止类标示牌。这类标示牌用于挂在已经拉闸的断路器或隔离开关、负荷开关等的操作把手上，以防备其他人误将它们合上，如"禁止合闸，有人工作！"或"禁止合闸，线路有人工作！"等都属于禁止类标示牌。

2）警告类标示牌。这类标示牌通常用来挂在固定式遮栏、移动式遮栏上，也有的挂在专用的支架上。这类标示牌主要是起警告或提醒的作用，如"止步，高压危险！"、"禁止攀登，高压危险！"等都属于警告类标示牌。

3）允许类标示牌。这类标示牌多用于挂在指定工作的设备上或该设备周围所装设的临时接地线的入口处，如"在此工作"、"从此上下！"等都属于允许类标示牌。

上述各类安全标示牌，应根据具体工作情况与要求来选用，切勿乱用，悬挂的地点与位置要适当，引人注目。

思 考 题

1. 什么是电气运行？其主要任务是什么？

2. 通常讲的"四勤"是指什么？

3. 简述两票三制的含义。

4. 人体触电的种类有哪些？触电方式有哪些？

5. 电气操作的安全用具有哪些？各自的使用场合有哪些？

6. 安全标示牌有哪些？

7. 防触电措施有哪些？

8. 触电后应如何急救？

项目二　熟悉现场设备

> **项目教学目标**
◆ **知识目标**
了解同步发电机、变压器技术参数和型号的全意。
掌握同步发电机的励磁系统、冷却方式和变压器的冷却方式。
◆ **技能目标**
掌握同步发电机、变压器参数的意义。
熟知同步发电机的励磁方式、冷却方式和变压器的冷却方式。
熟知发电厂、变压器的冷却方式。

任务一　熟悉发电厂的整体布置

电厂变电站的电气总布置设计受电站种类、地形、地质条件和其他建筑物的限制，一般不能采用标准的布置方案。不同的电站，随着这些条件的不同，采用的布置方案也不同。

一、发电厂基本知识

发电厂是电力系统的中心环节，它是把各种天然能源（化学能、水能、原子能等）转换成电能的工厂。按使用能源不同或转换能源的特点，发电厂有以下类型：火力发电厂、水力发电厂、核电厂、新能源发电厂等。

1. 水力发电厂

水力发电厂简称水电厂，也称水电站，是把水的位能和动能转换成电能的工厂。水电厂的原动机为水轮机，通过水轮机将水能转换为机械能，再由水轮机带动发电机将机械能转换为电能。

水电厂的装机容量与水头、流量及水库容积有关。按集中落差的方式，水电厂一般分为堤坝式、引水式和混合式三种；按主厂房的位置和结构，又可分为坝后式、坝内式、河床式、地下式等数种；按运行方式，则分为有调节水电厂、无调节（径流式）水电厂和抽水蓄能水电厂。这里主要介绍堤坝式水电厂、引水式水电厂、抽水蓄能水电厂。

（1）堤坝式水电厂　在河流上的适当地方建筑拦河坝，形成水库，抬高上游水位，使坝的上、下游形成大的水位差，这种水电厂称为堤坝式水电厂。堤坝式水电厂适宜建在河道坡降较缓且流量较大的河段。这类水电厂按厂房与坝的相对位置又可分为以下两种：

1）坝后式水电厂。坝后式水电厂示意图如图2-1所示。其厂房建在拦河坝非溢流坝段的后面（下游侧），不承受水的压力，压力管道通过坝体，适用于高、中水头。这是我国最常见的水电厂形式。

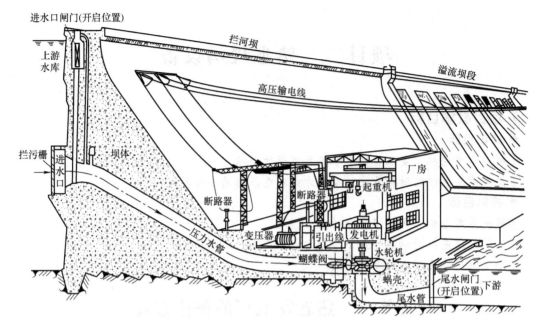

图 2-1 坝后式水电厂示意图

2）河床式水电厂。河床式水电厂示意图如图 2-2 所示。其厂房与拦河坝相连接，成为坝的一部分，厂房也承受水的压力，适用于水头小于 50m 的水电厂。

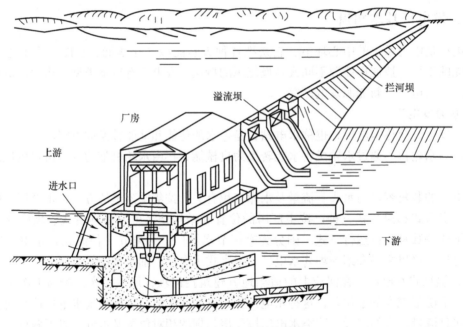

图 2-2 河床式水电厂示意图

（2）引水式水电厂 由引水系统将天然河道的落差集中起来进行发电的水电厂，称为引水式水电厂。引水式水电厂适宜建在河道多弯曲或河道坡降较陡的河段，用较短的引水系统可集中较大的水头；也适用于高水头水电厂，避免建设过高的挡水建筑物。

引水式水电厂示意图如图2-3所示。在河流适当地段建低堰（挡水低坝），水经引水渠和压力水管引入厂房，从而获得较大的水位差。

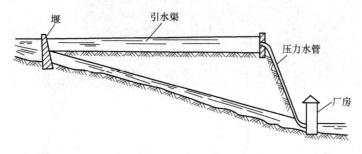

图2-3　引水式水电厂示意图

（3）抽水蓄能水电厂　利用电力系统低谷负荷时的剩余电力抽水到高处蓄存，在高峰负荷时放水发电的水电厂，称为抽水蓄能水电厂。抽水蓄能水电厂示意图如图2-4所示。它是电力系统的填谷调峰电源。在以火电、核电为主的电力系统中，建设适当比例的抽水蓄能水电厂可以提高系统运行的经济性和可靠性。抽水蓄能水电厂可能是堤坝式或引水式。当电力系统处于低谷负荷时，其机组以电动机-水泵方式工作，吸收电力系统的有功功率将下游的水抽至上游水库蓄存起来，把电能转换为水能，这时它是用户；当电力系统处于高峰负荷时，其机组按水轮机-发电机方式运行，将所蓄的水用于发电，以满足调峰需要，这时它是发电厂。

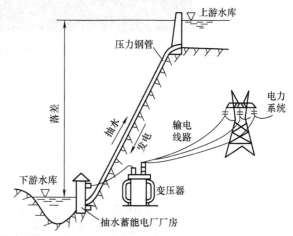

图2-4　抽水蓄能水电厂示意图

2. 火力发电厂

火力发电厂是把化石燃料（煤、油、天然气、油页岩等）的化学能转换成电能的工厂，简称火电厂。火电厂的原动机大都为汽轮机，也有用燃气轮机、柴油机等作原动机的。火电厂可分为以下几种：凝汽式火电厂、热电厂、燃气轮机发电厂。我国火力发电厂所用的能源主要是煤，且主力电厂是凝汽式火电厂。

（1）凝汽式火电厂　图2-5为凝汽式火电厂外观图，图2-6为凝汽式火电厂的生产过程示意图。整个生产系统可分为三个系统：燃烧系统、汽水系统、电气系统。煤粉在锅炉炉膛中燃烧，使锅炉中的水加热变成过热蒸汽，经管道送到汽轮机，推动汽轮机旋转，将热能变为机械能。汽轮机带动发电机旋转，再将机械能变为电能。在汽轮机中做过功的蒸汽排入凝汽器，循环水泵打入的循环水将排汽迅速冷却而凝结，由凝结水泵将凝结水送到除氧器中除氧（清除水中的气体，特别是氧气），而后由给水泵重新送回锅炉。

由于在凝汽器中大量的热量被循环水带走，因此，凝汽式火电厂的效率较低，只有30%～40%。

图 2-5　凝汽式火电厂外观图

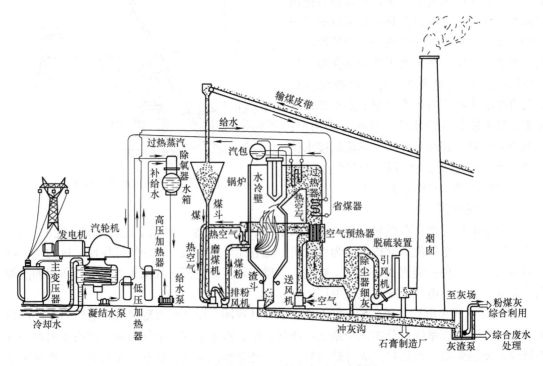

图 2-6　凝汽式火电厂的生产过程示意图

（2）热电厂　热电厂与凝汽式火电厂的不同之处是将汽轮机中一部分做过功的蒸汽从中段抽出来直接供给热用户，或经加热器将水加热后，把热水供给用户。这样，便可减少被循环水带走的热量，提高效率，现代热电厂的效率达 60% ~ 70% 。

由于供热网络不能太长，所以热电厂总是建在热力用户附近。此外，为了使热电厂维持较高的效率，一般采用"以热定电"的运行方式，即当热力负荷增加时，热电机组相应地多发电,当热力负荷减少时,热电机组相应地少发电。因而,热电厂的运行方式不如凝汽式发电厂灵活。

(3)燃气轮机发电厂 用燃气轮机或燃气-蒸汽联合循环中的燃气轮机和汽轮机驱动发电机的发电厂,称为燃气轮机发电厂。前者一般用作电力系统的调峰机组,后者则用来带中间负荷和基本负荷。这类发电厂可用液体燃料或气体燃料。

以天然气为燃料的燃气轮机和燃气-蒸汽联合循环发电,具有效率高、污染物排放低、初期投资少、工期短及易于调节负荷等优点,近年来在北美、欧洲得到迅速发展。目前燃气轮机的单机容量已发展到30万kW。

燃气轮机的工作原理与汽轮机相似,不同的是其工质不是蒸汽,而是高温、高压气体。空气经压气机压缩增压后送入燃烧室,燃料经燃料泵打入燃烧室。燃烧产生的高温、高压气体进入燃气轮机中膨胀做功,推动燃气轮机旋转,带动发电机发电。做过功的尾气经烟囱排出,或分流部分用于制热、制冷。这种单纯用燃气轮机驱动发电机的发电厂,热效率只有35%~40%。

为提高热效率,常采用燃气-蒸汽联合循环系统,燃气轮机的排气进入余热锅炉,加热其中的给水并产生高温、高压蒸汽,送到汽轮机中去做功,带动发电机再次发电。联合循环系统的热效率可达56%~85%。

3. 核电厂

核电厂是将原子核的裂变能转换为电能的发电厂,燃料主要是铀235(U_{235})。U_{235}容易在慢中子的撞击下裂变,释放出巨大能量,同时释放出新的中子。核能的能量密度高,$1gU_{235}$全部裂变时所释放的能量为$8 \times 10^{10}J$,相当于2.7t标准煤完全燃烧时释放的能量。作为发电燃料,U_{235}还有运输量小、发电成本低的优点。按所使用的慢化剂和冷却剂的不同,核反应堆可分为轻水堆、重水堆、石墨气冷堆及石墨沸水堆。目前世界上使用最多的是轻水堆,轻水堆又分压水堆和沸水堆。核电厂的生产过程示意图如图2-7所示。

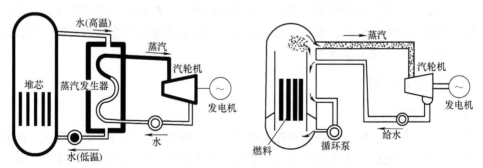

a) 压水堆型核能发电系统　　　　　　　b) 沸水堆型核能发电系统

图2-7 核电厂的生产过程示意图

压水堆核电厂实际上是用核反应堆和蒸汽发生器代替一般火电厂的锅炉。核反应堆中通常有100~200个燃料组件。在主循环水泵(又称压水堆冷却剂泵或主泵)的作用下,压力为15.2~15.5MPa、温度为290℃左右的蒸馏水不断在左回路(称为一回路,有2~4条并联环路)中循环,经过核反应堆时被加热到320℃左右,然后进入蒸汽发生器,并将自身的热量传给右回路（称为二回路）的给水，使之变成饱和或微过热蒸汽；蒸汽沿管道进入汽轮机膨胀做功，推动汽轮机带动发电机发电。二回路的工作过程与火电厂相似。

压水堆的快速变化反应性控制，主要是通过改变控制棒在堆芯中的位置来实现。

回路中稳压器（带有安全阀和卸压阀）的作用是，在电厂起动时用于系统升高压力，在正常运行时用于自动调节系统压力和水位，并提供超压保护。

沸水堆核电厂是以沸腾轻水为慢化剂和冷却剂，并在核反应堆内直接产生饱和蒸汽，通入汽轮机做功发电；汽轮机的排汽冷凝后，经软化器净化、加热器加热，再由给水泵送入核反应堆。

4. 新能源发电厂

前面的几类发电厂是利用常规能源来发电的，相对于常规能源而言，还有新能源发电厂。新能源发电厂是指利用非常规能源发电的电厂。目前已经开始使用或正在开发使用的新能源有：风能、海洋能、地热、太阳能、生物质能等。

（1）风力发电　流动空气所具有的能量，称为风能。全球可利用的风能约为 2×10^6 万 kW。风能属于可再生能源，是一种过程性能源，不能直接储存，而且具有随机性，这给风能的利用增加了技术上的复杂度。

（2）海洋能发电　海洋能是蕴藏在海水中的可再生能源，如潮汐能、波浪能、海流能、海洋温差能等。潮汐发电是利用潮汐的位能发电。

（3）地热发电　利用地下蒸汽或热水等地球内部热能资源发电，称为地热发电。地热蒸汽发电的原理和设备与火电厂基本相同。利用地下热水发电，有两种基本类型：①闪蒸地热发电系统（又称减压扩容法）；②双循环地热发电系统（又称中间介质法）。

（4）太阳能发电　太阳能是从太阳向宇宙空间发射的电磁辐射能，太阳能发电有热发电和光发电两种方式。

（5）生物质能发电　生物质能是绿色植物通过叶绿素将太阳能转化为化学能而储存在生物质内部的能量，属可再生能源。薪柴、农作物秸秆、人畜粪便、有机垃圾及工业有机废水等，是主要的生物质能资源。生物质能发电系统是以生物质能为能源的发电工程，如垃圾焚烧发电、沼气发电、蔗渣发电等。

二、电厂整体布置

1. 水电厂的整体布置

水电厂的形式较多，电气设备的布置受地质条件和枢纽变电站布置影响较大。在大、中型水力发电厂中，发电机电压配电装置的位置通常靠近机组。升压变压器装在主厂房上游侧或下游尾水平台上。这样可使主变压器与发电机的连接导线最短。由于水电厂主坝地面狭窄，开关站通常设置在下游河岸边，用架空线与升压变压器连接；或者设置在房顶上，以减少开挖工程量和便于维护管理。在户外配电装置中，一般设有网络继电保护室和值班室。

图 2-8 为某坝后式水电厂总体及主要电气设备布置图。主厂房中并列布置 8 台发电机组；主变压器则紧靠主厂房安放，220kV 和 110kV 升压开关站都布置在右岸山坡上。

2. 火电厂的整体布置

（1）火电厂的系统构成

1）汽水系统：由锅炉、汽轮机、凝汽器、水泵、加热器及其管路组成，如图 2-9 所示。

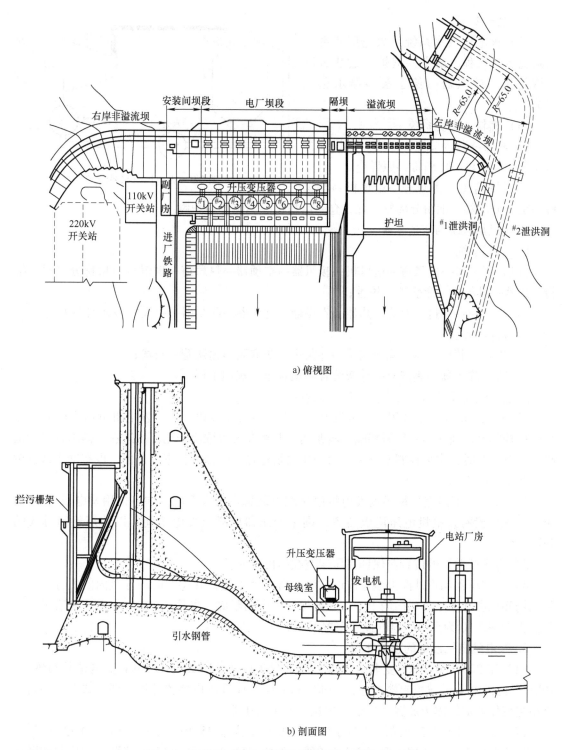

a) 俯视图

b) 剖面图

图 2-8　某坝后式水电厂总体及主要电气设备布置图

2）燃料、燃烧系统：包括输煤及燃运系统、制粉系统、风烟系统和灰渣系统。

3）其他辅助热力系统。

4）电气系统。

（2）火电厂汽水系统 火电厂基本汽水系统运转流程：给水→锅炉→过热蒸汽→汽轮机→凝汽器→给水泵→给水送入锅炉。

图 2-9 火电厂汽水系统图

（3）燃料、燃烧系统

1）输煤及燃运系统：运输→卸煤装置→煤场→碎煤机→传输带→原煤仓。

2）制粉系统：原煤仓→给煤机→磨煤机→粗粉分离器→细粉分离器→煤粉仓→给粉机→燃烧器→炉膛。

（4）风烟系统与灰渣系统

1）风烟系统：

（风）吸风口→冷风道→送风机→暖风器→空预器→热风道→磨煤机→粗粉分离器→细粉分离器→排粉机→燃烧器→炉膛；

（烟）炉膛→屏过→对流过热器→省煤器→空预器→除尘器→引风机→烟囱→大气。

2）灰渣系统：

（炉渣）炉膛冷灰斗→除渣装置→冲灰沟→灰渣泵→输灰管→灰场；

（飞灰）除尘器→集灰斗→除灰装置→运灰车→灰加工厂。

火电厂电气设备的布置应注意以下几点：

1）发电机电压配电装置应靠近发电机。在中等容量发电厂中，发电机电压配电装置紧靠中央控制室，通常与主厂房相隔一段距离，此距离长短取决于循环水进水、排水管道和道路的布置。此时，中央控制室与主厂房采用栈桥连接，既使人员来往方便，也有助于减少中央控制室的噪声。

2）升压变压器应尽量靠近发电机电压配电装置。在大型电厂中多采用发电机-变压器单元接线，没有发电机电压配电装置，则主变压器应靠近发电机间，以缩短封闭母线的长度。

3）升压开关站的位置应保证高压架空线引出方便。

4）主变压器和户外配电装置应设在晾水塔（喷水池）在冬季时主导风向的上方，且在储煤场和烟囱常年主导风向的上方，并要保持规定的距离，尽量减少结冰、灰尘和有害气体的侵害。图 2-10 为火电厂电气设备布置示例。

3. 变电站电气设备的整体布置

（1）某 220/110/10kV 变电站总体布置 图 2-11 为某 220/110/10kV 变电站总布置图。10kV 屋内配电装置与控制楼相连，220kV 和 110kV 屋外配电装置并排一列式布置，一台三绕组主变压器居间露天放置（以后再扩建一台主变压器）。

（2）某 35/10kV 变电站屋外部分布置 图 2-12 为某 35/10kV 降压变电站主接线图（2台 SFL-8000/35 主变压器，两回 35kV 进线，外桥式接线）。图 2-13 为其平面布置图和断面图。表 2-1 给出了各种设备的规格型号，可按编号与图 2-13 一一对照。

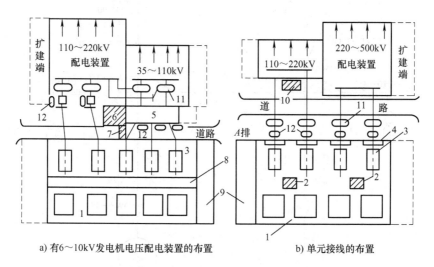

a) 有6~10kV发电机电压配电装置的布置   b) 单元接线的布置

图 2-10   火电厂电气设备布置示例

1—锅炉房   2—机、电、炉集控室   3—汽机间   4—6~10kV 厂用电配电装置

5—6~10kV 发电机电压配电装置   6—电气主控室   7—天桥   8—除氧间

9—生产办公楼   10—网络控制室   11—主变压器   12—高压厂用变压器

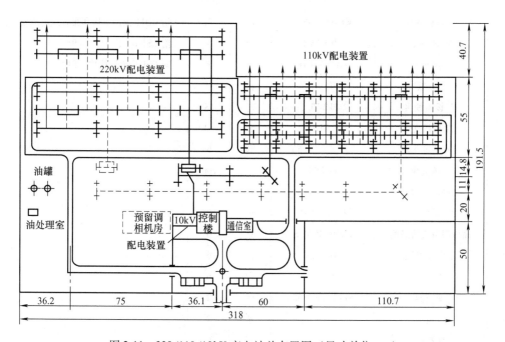

图 2-11   220/110/10kV 变电站总布置图（尺寸单位：m）

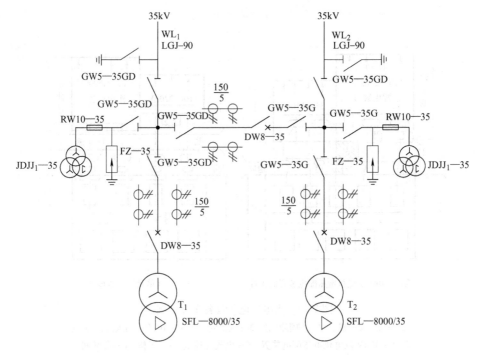

图 2-12　某 35/10kV 降压变电站主接线图（35kV 部分）

表 2-1　某 35kV 降压变电站户外配电装置设备表（编号参见图 2-13）

编号	名　　称	型号及规格	单位	数量	备　　注
1	多油断路器	DW8-35，1000A	台	3	附 CD11 操动机构和套管式电流互感器
2	隔离开关	GW5-35G	台	6	附 CS1-G 操动机构（9#）
3	隔离开关	GW5-35GD	台	2	附 CS1-G 操动机构（9#）
4	0°设备线夹	SL1-TL	套	31	
5	45°设备线夹	SL2-TL	套	18	
6	T 形线夹	TL	套	12	
7	耐张绝缘子串	4×（X-4.5）	套	6	
8	电源进线	LGJ-90	m	200	
9	操动机构	GS1-G	套	8	
10	围墙	2.2m（高）	m	120	
11	高压限流式熔断器	RW10-35/0.5	只	6	
12	电压互感器	JDJJ1-35	台	6	
13	避雷器	FZ-35	台	6	
14	变压器	SFL1-8000/35	台	2	
15	电缆沟		条	2	
16	卵石层		m²	36	
17	结桥母线和 T 形线夹	LJ-90、T			
18	进线门型架		个	2	

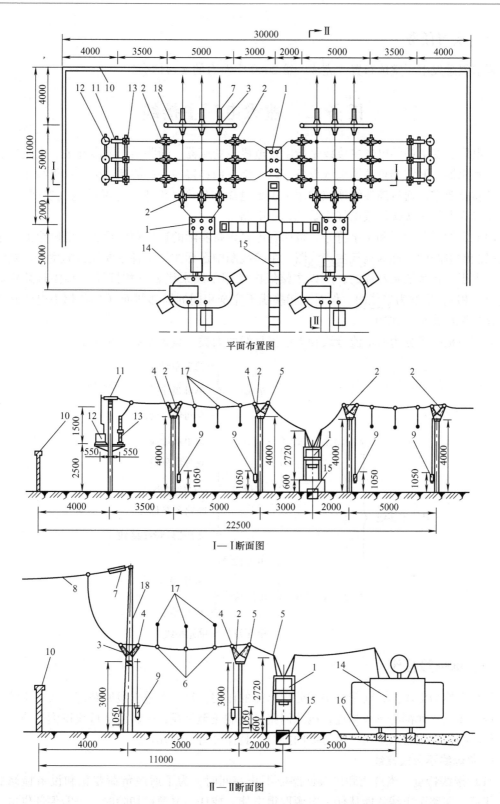

图 2-13 某降压变电站 35kV 屋外配电装置平面布置图和断面图（单位：mm）

三、实习任务

要求熟悉发电厂整体布置，完成一篇2000字左右的实习体会。

任务二 熟悉电厂主接线

发电厂、变电站的电气主接线是指由发电机、变压器、断路器、隔离开关、电抗器、电容器、互感器、避雷器等高压电气设备，以及将它们连接在一起的高压电缆和母线等一次设备按其功能要求，通过连接线连成的用于表示电能的生产、汇集和分配的电气主回路电路，通常又称为电气一次接线或电气主系统、主电路。

用规定的设备图形和文字符号，按照各电气设备实际的连接顺序绘成的能够全面表示电气主接线的电路图，称为电气主接线图。主接线图中还标注出了各主要设备的型号、规格和数量。由于三相系统是对称的，所以主接线图常用单线来代表三相接线（必要时某些局部可绘出三相），也称为单线图。但对三相接线不完全相同的局部图面（如各相中电流互感器的配置）则应画成三线图。

电气主接线可分为有汇流母线和无汇流母线两大类，具体又有多种形式：

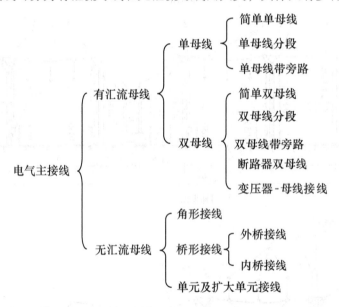

一、单母线接线

母线又称为汇流排，起着汇集和分配电能的作用。每一条进出线回路都组成一个接线单元，每个接线单元都与母线相连，电源回路将电能送至母线，引出线从母线得到电能。

单母线接线是指只采用一组母线的接线。具体分为下列几种：

1. 单母线不分段接线

（1）接线特点 当进线和出线回路数不止一回时，为了适应负荷变化和设备检修的需要，使每一回路引出线均能从任一电源取得电能，或任一电源被切除时，仍能保证供电，在引出回路与电源回路之间，用母线WB连接。单母线不分段接线如图2-14所示。

　　单母线接线的特点是每一回线路均经过一台断路器 QF 和隔离开关 QS 接于一组母线上。断路器用于在正常或故障情况下接通与断开电路。断路器两侧装有隔离开关，用于停电检修断路器时作为明显断开点以隔离电压，靠近母线侧的隔离开关称为母线侧隔离开关（如 11QS），靠近引出线侧的称为线路侧隔离开关（如 13QS）。在电源回路中，若断路器断开之后，电源不可能向外输送电能，则断路器与电源之间可以不装隔离开关，如发电机出口。若线路对侧无电源，则线路侧也可不装设隔离开关。

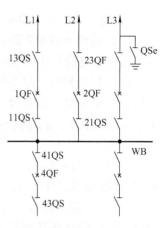

图 2-14　单母线不分段接线
QF—断路器　QS—隔离开关
QSe—接地隔离开关　WB—母线
L1、L2、L3—出线

　　（2）优缺点

　　1）优点：接线简单清晰、设备少、操作方便、投资少、便于扩建。

　　2）缺点：可靠性和灵活性较差。在母线和母线隔离开关检修或故障时，各支路都必须停止工作；引出线的断路器检修时，该支路要停止供电。

　　（3）适用范围　单母线接线不能满足对不允许停电的重要用户的供电要求，一般用于 6 ~ 220kV 系统中，出线回路较少，对供电可靠性要求不高的中、小型发电厂与变电站中。

　　2. 单母线分段接线

　　（1）接线特点　当引出线数目较多时，为提高供电可靠性，可用断路器将母线分段，成为单母线分段接线，如图 2-15 所示。

　　正常运行时，单母线分段接线有两种运行方式：分段断路器闭合运行和分段断路器断开运行。图 2-15 中的 0QF 即分段断路器。

　　（2）优缺点

　　1）优点：

　　① 当母线发生故障时，仅故障母线段停止工作，另一段母线仍继续工作。

　　② 两段母线可看成是两个独立的电源，提高了供电可靠性，可满足重要用户的供电要求。

　　2）缺点：

　　① 当一段母线故障或检修时，该段母线上的所有支路必须断开，停电范围较大。

　　② 任一支路断路器检修时，该支路必须停电。

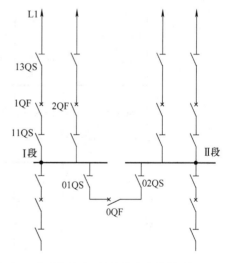

图 2-15　单母线分段接线

　　（3）适用范围　单母线分段接线与单母线不分段接线相比提高了供电可靠性和灵活性。但在电源容量较大、出线数目较多时，其缺点更加明显。因此，单母线分段接线用于：

　　1）电压为 6 ~ 10kV 时，出线回路数为 6 回及以上，每段母线容量不超过 25MW 为宜。否则，回路数过多，会影响供电可靠性。

　　2）电压为 35 ~ 63kV 时，出线回路数为 4 ~ 8 回为宜。

3）电压为 110～220kV 时，出线回路数为 3～4 回为宜。

3. 单母线分段带旁路母线接线

为克服出线断路器检修时该回路必须停电的缺点，可采用增设旁路母线的方法。

（1）接线特点 图 2-16 为单母线分段带旁路母线接线的一种情况。旁路母线经旁路断路器 90QF 接至 Ⅰ、Ⅱ 段母线上。正常运行时，90QF 回路以及旁路母线处于冷备用状态。

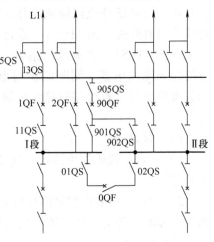

图 2-16 单母线分段带旁路接线

若出线回路数不多，旁路断路器的利用率不高，可与分段断路器合用，并有以下两种接线形式：

1）分段断路器兼作旁路断路器接线。如图 2-17 所示，从分段断路器 0QF 的隔离开关内侧引接联络隔离开关 05QS 和 06QS 至旁路母线，在分段工作母线之间再加两组串联的分段隔离开关 01QS 和 02QS。正常运行时，分段断路器 0QF 及其两侧隔离开关 03QS 和 04QS 处于接通位置，联络隔离开关 05QS 和 06QS 处于断开位置，旁路母线不带电。分段隔离开关 01QS 和 02QS 可用于检修分段断路器 0QF 时，连通Ⅰ、Ⅱ段母线供电。

2）旁路断路器兼作分段断路器接线。如图 2-18 所示。正常运行时，两分段隔离开关 01QS、02QS 一个投入、一个断开，两段母线通过 901QS、90QF、905QS、旁路母线、03QS 相连接，90QF 起分段断路器作用。

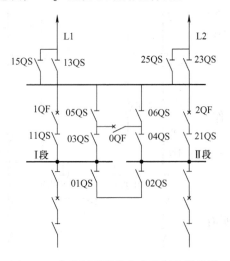

图 2-17 分段断路器兼作旁路断路器接线

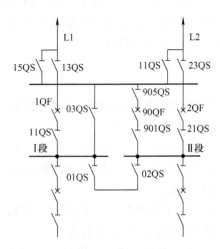

图 2-18 旁路断路器兼作分段断路器接线

（2）优缺点 单母线分段带旁路母线接线与单母线分段接线相比，优点就是出线断路器故障或检修时可以用旁路断路器代路送电，使线路不停电。缺点是接线相对复杂，开合闸操作顺序较为繁琐。

（3）适用范围 单母线分段带旁路母线接线主要用于电压为 6～10kV 出线较多而且对重要负荷供电的装置中；35kV 及以上有重要联络线路或较多重要用户时也采用。

二、双母线接线

1. 双母线不分段接线

（1）接线特点　双母线不分段接线如图 2-19 所示。这种接线有两组母线（Ⅰ段和Ⅱ段），在两组母线之间通过母线联络断路器 0QF（以下简称母联断路器）连接；每一条引出线（L1、L2、L3、L4）和电源支路（5QF、6QF）都经一台断路器与两组母线隔离开关分别接至两组母线上。

（2）优缺点

1）可靠性高、灵活性好、扩建方便。

2）检修出线断路器时该支路仍然会停电。

3）设备较多、配电装置复杂，运行中需要用隔离开关切换电路，容易引起误操作；同时投资和占地面积也较大。

（3）适用范围　由于双母线不分段接线

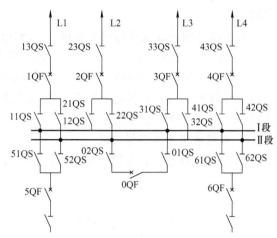

图 2-19　双母线不分段接线

具有较高的可靠性和灵活性，这种接线在大、中型发电厂和变电站中得到广泛的应用。一般用于引出线和电源较多、输送和穿越功率较大、要求可靠性和灵活性较高的场合。主要适用范围有：

1）电压为 6 ~ 10kV，短路容量大、有出线电抗器的装置。

2）电压为 35 ~ 60kV，出线超过 8 回或电源较多、负荷较大的装置。

3）电压为 110 ~ 220kV，出线为 5 回及以上或者在系统中居重要位置、出线为 4 回及以上的装置。

2. 双母线分段接线

双母线分段接线如图 2-20 所示，Ⅰ段母线用分段断路器 00QF 分为两组，每组母线与Ⅱ段母线之间分别通过母联断路器 01QF、02QF 连接。这种接线较双母线不分段接线具有更高的可靠性和更大的灵活性。

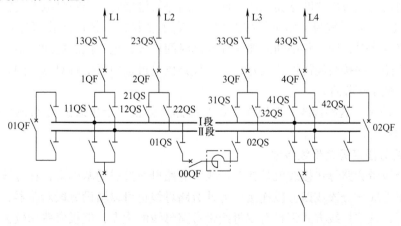

图 2-20　双母线分段接线

当Ⅰ段母线工作，Ⅱ段母线备用时，它具有单母线分段接线的特点。Ⅰ段母线的任一组段检修时，将该组母线所连接的支路倒至备用母线上运行，仍能保持单母线分段运行的特点。当具有3个或3个以上电源时，可将电源分别接到Ⅰ段的两组母线和Ⅱ段母线上，用母联断路器连通Ⅱ段母线与Ⅰ段某一组母线，构成单母线分三段运行，可进一步提高供电可靠性。

双母线分段接线主要适用于容量大、进出线较多的装置中，例如：

① 电压为220kV进出线为10~14回的装置。

② 在6~10kV配电装置中，当进出线回路数或者母线上电源较多，输送的功率较大时，短路电流较大，为了限制短路电流，选择轻型设备，提高接线的可靠性，常采用双母线分段接线，并在分段处装设母线电抗器。

3. 双母线带旁路母线接线

（1）接线特点　有专用旁路断路器的双母线带旁路母线接线如图2-21所示。

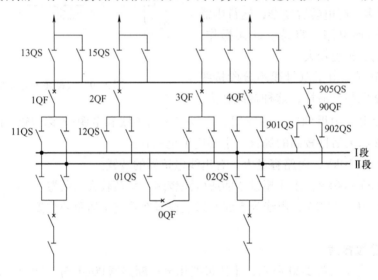

图2-21　有专用旁路断路器的双母线带旁路母线接线

旁路断路器可代替出线断路器工作，使出线断路器检修时，线路供电不受影响。

（2）优缺点　双母线带旁路母线接线大大提高了主接线系统的工作可靠性，当电压等级较高、线路较多时，因一年中断路器累计检修时间较长，这一优点更加突出。而母联断路器兼作旁路断路器的接线经济性比较好，但在代路供电过程中需要将双母线同时运行改成单母线运行，降低了可靠性。

（3）适用范围　这种接线一般用在220kV线路4回及以上出线或者110kV线路有6回及以上出线的场合。

4. 双母线分段带旁路母线接线

双母线分段带旁路母线接线就是在双母线带旁路母线接线的基础上，在母线上增设分段断路器，将双母线三分段或四分段连接。另外旁路母线也可以增设分段断路器，与各种分段母线组合运行，这些接线方式都具有双母线带旁路母线的优点，但投资费用较大，占用设备间隔较多，应用并不广泛，一般采用此种接线的情况有：

1）当设备连接的进出线总数为 12～16 回时，在一组母线上设置分段断路器。

2）当设备连接的进出线总数为 17 回及以上时，在两组母线上设置分段断器。

5. 一台半断路器接线

（1）接线特点　一台半断路器接线如图 2-22 所示（图示标号中略去了断路器后的 QF 和隔离开关后的 QS），有两组母线，每一回路经一台断路器接至一组母线，两个回路间有一台断路器联络，形成一串电路（如图 2-22 中从 50111QS、5011QF，经 5012QF、5013QF 到 50132QS 这一竖串电路），每回进出线都与两台断路器相连，而同一串的两条进出线共用三台断路器，故而称为一台半断路器接线或二分之三（3/2）接线。正常运行时，两组母线同时工作，所有断路器均闭合。

（2）优缺点

1）运行灵活可靠。正常运行时成环形供电，任意一组母线发生短路故障，均不影响各回路供电。

2）操作方便。隔离开关只起隔离电压的作用，避免用隔离开关进行倒闸操作。任意一台断路器或母线检修，只需拉开对应的断路器及隔离开关，各回路仍可继续运行。

3）一般情况下，母线侧一台断路器故障或拒动时，只影响一个回路工作，只有联络断路器故障或拒动时，才会造成两条回路停电。

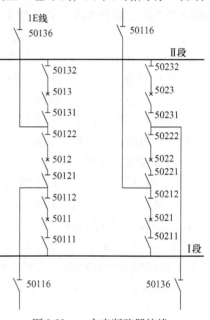

图 2-22　一台半断路器接线

4）一台半断路器接线的二次接线和继电保护比较复杂、投资较大。

（3）适用范围　一台半断路器接线广泛应用于大型发电厂和变电站的 330～500kV 的配电装置中。当进出线回路数为 6 回及以上，并在系统中占重要地位时，宜采用一台半断路器接线。

6. 变压器-母线组接线

除前面几种常见的接线之外，还可以采用如图 2-23 所示的变压器-母线组接线。这种接线变压器直接接入母线，各出线回路采用双断路器接线（见图 2-23a）或者一台半断路器接线（见图 2-23b），调度灵活，电源与负荷可以自由调配，安全可靠，利于扩建。由于变压器运行可靠性较高，所以直接接入母线，对母线运行不产生明显的影响。一旦变压器故障，连接于母线上的断路器跳开，但不影响其他回路供电，再用隔离开关把故障变压器退出后，即可进行倒闸操作使该母线恢复运行。

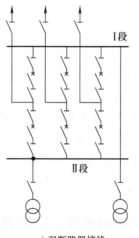
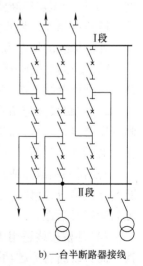

a）双断路器接线　　　　b）一台半断路器接线

图 2-23　变压器-母线组接线

三、无母线接线

1. 桥形接线

桥形接线适用于仅有两台变压器和两回出线的装置中，接线如图 2-24 所示。桥形接线仅用三台断路器，根据桥回路断路器（3QF）的位置不同，可分为内桥和外桥两种接线。桥形接线正常运行时，三台断路器均闭合工作。

（1）内桥接线　内桥接线如图 2-24a 所示，桥回路置于线路断路器内侧（靠变压器侧），此时线路经断路器和隔离开关接至桥接点，构成独立单元；变压器支路只经隔离开关与桥接点相连，是非独立单元。

内桥接线的特点为：

1）线路操作方便。如线路发生故障，仅故障线路的断路器跳闸，其余三回线路可继续工作，并保持相互的联系。

2）正常运行时变压器操作复杂。如变压

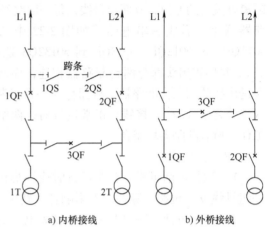

图 2-24　桥形接线

器 1T 检修或发生故障时，需断开断路器 1QF、3QF，使未发生故障线路 L1 供电受到影响，然后需经倒闸操作，拉开隔离开关 1QS 后，再合上 1QF、3QF 才能恢复线路 L1 工作。因此将造成该侧线路的短时停电。这一特点可概括为"内桥内（单元投切）不便"。

3）桥回路故障或检修时两个单元之间失去联系；同时，出线断路器故障或检修时，造成该回路停电。为此，在实际接线中可采用设外跨条的方法来提高运行灵活性。

内桥接线适用于两回进线两回出线且线路较长、故障可能性较大和变压器不需要经常切换运行方式的发电厂和变电站中。

（2）外桥接线　外桥接线如图 2-24b 所示，桥回路置于线路断路器外侧（远离变压器侧），此时变压器经断路器和隔离开关接至桥接点，构成独立单元；而线路支路只经隔离开关与桥接点相连，是非独立单元。

外桥接线的特点为：

1）变压器操作方便。如变压器发生故障时，仅故障变压器回路的断路器自动跳闸，其余三回路可继续工作，并保持相互的联系。

2）线路投入与切除时，操作复杂。如线路检修或故障时，需断开两台断路器，并使该侧变压器停止运行，需经倒闸操作恢复变压器工作，造成变压器短时停电，这刚好与内桥相反，概括为"外桥外（单元投切）不便"。

3）桥回路故障或检修时全厂分列为两部分，使两个单元之间失去联系；同时，出线侧断路器故障或检修时，造成该侧变压器停电。为此，在实际接线中可采用设内跨条的方法来提高运行灵活性。

4）外桥接线适用于两回进线两回出线且线路较短、故障可能性小和变压器需要经常切换，而且线路有穿越功率通过的发电厂和变电站中。

桥形接线具有接线简单清晰，设备少，造价低，易于发展成为单母线分段或双母线接线。为节省投资，在发电厂或变电站建设初期，可先采用桥形接线，并预留位置，随着发展逐步建成单母线分段或双母线接线。

2. 单元接线

单元接线是将不同性质的电力元件（发电机、变压器、线路）串联形成一个单元，然后再与其他单元并列。由于串联的电力元件不同，单元接线有如下几种形式。

（1）发电机-变压器单元接线　发电机-变压器单元接线如图 2-25 所示。

图 2-25a 为发电机-双绕组变压器组成的单元，断路器装于主变压器高压侧作为该单元共同的操作和保护电器，在发电机和变压器之间不设断路器，可装一组隔离开关供试验和检修时隔开之用。

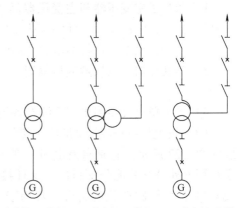

当有两个升高电压等级，主变压器为三绕组变压器或自耦变压器时，就组成发电机-三绕组变压器（自耦变压器）单元接线，如图2-25b、c所示。为了能保证发电机故障或检修时高压侧与中压侧之间的联系，应在发电机与变压器之间装设断路器；若高压侧与中压侧对侧无电源时，发电机和变压器之间的断路器也可省略。

a) 发电机-双绕组变压器单元　b) 发电机-三绕组变压器单元　c) 发电机-自耦变压器单元

图 2-25　发电机-变压器单元接线

发电机-变压器单元接线的特点为：

1）接线简单清晰，电气设备少，配电装置简单，投资少，占地面积小。

2）不设发电机电压母线，发电机或变压器低压侧短路时，短路电流小。

3）操作简便，降低故障的可能性，提高了工作的可靠性，继电保护简化。

4）任一元件故障或检修则全部停止运行，检修时灵活性差。

单元接线适用于机组台数不多的大、中型不带近区负荷的区域发电厂，以及分期投产或装机容量不等的无机端负荷的中、小型水电站。

（2）扩大单元接线　采用两台发电机与一台变压器组成的单元接线称为扩大单元接线，如图 2-26 所示。在这种接线中，为了适应机组开停的需要，每一台发电机回路都装设断路器，

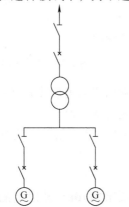 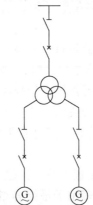

a) 发电机-双绕组变压器扩大单元接线　　b) 发电机-分裂绕组变压器扩大单元接线

图 2-26　扩大单元接线

并在每台发电机与变压器之间装设隔离开关，以保证停机检修的安全。装设发电机出口断路器的目的是使两台发电机可以分别投入运行或当任一台发电机需要停止运行或发生故障时，可以操作该断路器，而不影响另一台发电机与变压器的正常运行。

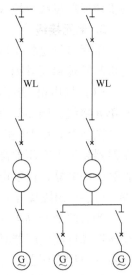

扩大单元接线与单元接线相比有如下特点：

1）减少了主变压器和主变压器高压侧断路器的数量，减少了高压侧接线的回路数，从而简化了高压侧接线，节省了投资和场地。

2）任一台机组停机都不影响厂用电的供给。

3）当变压器发生故障或检修时，该单元的所有发电机都将无法运行。

4）扩大单元接线用于在系统有备用容量时的大中型发电厂中。

（3）发电机-变压器-线路单元接线　发电机-变压器-线路单元接线如图 2-27 所示。它是将发电机、变压器和线路直接串联，中间除了自用电外没有其他分支引出。这种接线实际上是发电机-变压器单元和变压器-线路单元的组合，常用于 1～2 台发电机、一回输电线路，且不带近区负荷的梯级开发的水电站，把电能送到梯级开发的联合开关站。

图 2-27　发电机-变压器-线路单元接线

3. 多角形接线

多角形接线也称为多边形接线，如图 2-28 所示。它相当于将单母线按电源和出线数目分段，然后连接成一个环形的接线。比较常用的有三角形、四角形、五角形接线。

多角形接线具有如下特点：

1）每个回路位于两个断路器之间都不中断供电。具有双断路器接线的优点，检修任一断路器都不中断供电。

2）所有隔离开关只作为隔离电器使用，不作为操作电器使用，故容易实现自动化和遥控。

3）正常运行时，多角形是闭合的，任一进出线回路发生故障，仅该回路断开，其余回路不受影响，因此运行可靠性高。

4）任一断路器故障或检修时，则开环

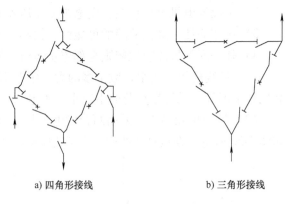

a) 四角形接线　　　　b) 三角形接线

图 2-28　多角形接线

运行，此时若环上某一元件再发生故障就会出现非故障回路被迫切除并将系统解列。这种情况随接线角数的增加更为突出，故多角形接线最多不超过 6 个角。

5）开环和闭环运行时，流过断路器的工作电流不同，这将给设备选择和继电保护整定带来一定的困难。

6）此接线的配电装置不便于扩建和发展。

因此，多角形接线多用于最终容量和出线数已确定的 110kV 及以上的水电厂中，且不宜超过 6 个角。

四、实习任务

要求熟悉电厂主接线，完成一篇 2000 字左右的实习体会。

任务三　熟悉电厂主设备

一、同步发电机的技术参数、励磁系统及冷却方式

（一）同步发电机的技术参数与型号含义

同步发电机的技术参数是指发电机制造厂在设计制造时，给该台发电机正常运行所规定的数据。这些数据也就是该台发电机的额定值。只要在运行中能保证不超过这些数据，发电机的寿命是可达到预期年限的。

1. 技术参数

1）额定容量 S_N 和额定功率 P_N。额定容量或额定功率是指发电机输出功率的保证值。额定容量 S_N 指发电机出线端的额定视在功率，单位为 kV·A，它与额定电压及额定电流的关系为

$$S_N = \sqrt{3} U_N I_N$$

额定功率指发电机输出的有功功率，单位为 kW，它与额定电压及额定电流的关系为

$$P_N = \sqrt{3} U_N I_N \cos\varphi_N$$

2）额定电压 U_N。额定电压是指发电机在额定运行时，定子三相绕组的线电压，单位为 V 或 kV。

3）额定电流 I_N。额定电流是指发电机在额定运行时，流过定子绕组的线电流，单位为 A 或 kA。

4）额定功率因数 $\cos\varphi_N$。额定功率因数即发电机在额定运行时的功率因数。

5）额定频率 f_N。我国规定额定工频为 50Hz。

6）额定转速 n_N。额定转速是指转子正常运行时的转速，单位为 r/min。额定转速与额定频率的关系是 $n_N = 60f/p$。

7）额定效率 η_N。额定效率是指发电机在额定状态下运行的效率。

此外，同步发电机的技术参数还有相数、极数、温升、额定励磁电压和励磁电流等。

2. 型号含义

同步发电机的型号用来表示该台发电机的类型和特点。我国同步发电机型号的现行标注法采用汉语拼音法，一般用拼音字的第一个字母来表示。下面介绍几种类型同步发电机的型号。

（1）空冷汽轮发电机　常见的有 QF 系列，如 QF-25-2，其中 Q 表示汽轮，F 表示发电机，合起来的含义是汽轮发电机；数字部分中的 25 表示功率（单位为 MW），2 表示极数。有时还会遇到型号为 QF2-12-2 的空冷汽轮发电机，这里 QF2 中的"2"表示第二次改型设计。

另外还有 TQC 系列，如 TQC5674/2，其中 T 表示同步，Q 表示汽轮，C 表示空气冷却，

合起来的含义为普通空气冷却的同步发电机；数字部分中，分子前两位数字 56 表示铁心直径号数，分子后两位数字 74 表示铁心长度号数，分母 2 表示极数。

（2）氢外冷汽轮发电机　常见的有 QFQ 系列，如 QFQ-50-2，其中 Q 表示汽轮，F 表示发电机，Q 表示氢冷，合起来的含义为氢气冷却的汽轮发电机；数字部分中 50 表示有功功率（单位为 MW），2 表示极数。

（3）氢内冷汽轮发电机　常见的有 TQN 系列，如 TQN-100-2，其中 T 表示同步，Q 表示汽轮，N 表示氢内冷，合起来的含义为氢内冷汽轮发电机；数字部分的含义与氢外冷汽轮发电机型号中的数字部分相同。

（4）双水内冷汽轮发电机　常见的有 QFS 系列，如 QFS-300-2，其中 Q 表示汽轮，F 表示发电机，S 表示水冷，合起来的含义为水冷汽轮发电机；数字部分的含义与前文举例相同。

（5）水-氢-氢冷汽轮发电机　常见的有 QFQS 系列，如 QFQS-20-2，其中 QFQS 表示定子绕组水内冷、转子绕组氢内冷、铁心氢冷的汽轮发电机；数字部分的含义与前文举例相同。

（二）同步发电机的励磁系统

供给同步发电机励磁电流的电源及其附属设备称为励磁系统。励磁系统一般有两个主要部分：一是励磁功率单元，即励磁供电装置，向同步发电机转子励磁绕组提供直流电流；一是励磁调节器，根据输入信号和给定的调节准则控制励磁功率单元的输出。

1. 同步发电机的励磁方式

同步发电机励磁功率单元（励磁供电装置）有直流发电机供电、交流励磁机经整流供电、静止电源供电三种方式。

（1）直流发电机供电的励磁方式　直流发电机供电的励磁方式可分为直流发电机自励和直流发电机他励两种形式。

图 2-29a 为自励直流发电机供电的励磁方式，同步发电机 G 的励磁绕组由同轴的直流励磁机（直流发电机）GE 供电，直流励磁机励磁绕组除有 GE 通过 R_C 供给的自励电流外，还有励磁调节器 AMR 供给的电流 I_{AMR}，前者可通过 R_C（手动）调整，后者按预定要求自动调整。

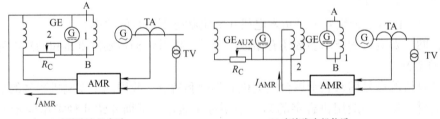

a) 直流发电机自励　　　　　　　　　b) 直流发电机他励

图 2-29　直流发电机供电的励磁方式

1—同步发电机的励磁绕组　2—直流励磁机的励磁绕组　A、B—转子集电环

图 2-29b 为他励直流发电机供电的励磁方式，直流励磁机 GE 的励磁电流除可以自动调整的 I_{AMR} 外，还有与 G、GE 同轴的副励磁机 GE$_{AUX}$ 供给的他励电流，该电流可通过手动调整 R_C 来改变。

直流发电机供电的励磁方式，在过去的几十年间，是同步发电机的主要励磁方式，以至目前大多数同步发电机仍然是以这种励磁方式运行。由于他励直流发电机供电的励磁方式有较快的励磁响应速度，一般多用在水轮发电机上。长期运行实践证明，由于直流发电机供电的励磁系统存在换向器和电刷，所以维护工作量较大；另外，转速为3000r/min 的直流发电机最大功率一般不超过600kW，因此直流发电机供电的励磁方式不能在大型同步发电机上应用。由于半导体励磁系统运行可靠、性能良好，且提供的励磁功率原则上不受限制，所以是一种有发展前途的新型励磁系统，近年来在大型机组上被广泛应用。半导体励磁系统分为交流励磁机经整流供电励磁和静止电源供电励磁两种方式。

（2）交流励磁机经整流供电的励磁方式　由于直流发电机供电励磁方式的容量受到换向整流和整流子片间允许电压等条件的限制，不能满足同步发电机大容量机组的励磁需要。3000r/min 的整流子式直流励磁机的极限功率是600kW，而大型汽轮发电机的额定励磁容量约为同步发电机容量的0.4%。从这点出发，可以看出200MW 及以上的汽轮同步发电机不可能采用同轴直流发电机供电的励磁方式。实际中，功率在100MW 以上的同步发电机组已普遍采用交流励磁机经整流供电的励磁方式。交流励磁机经整流供电的励磁方式根据整流器的状态又分为带静止晶闸管整流器励磁方式和带旋转晶闸管整流器励磁方式。

1）交流励磁机带静止晶闸管整流器励磁方式。图 2-30 为交流励磁机带静止晶闸管整流器励磁方式的原理图。交流励磁机 GE 的励磁绕组可以由副励磁机经整流后供电，而副励磁机可由永磁发电机和励磁绕组电源供电，也可取自励磁机机端，采用自励恒压的调压方式保持 GE 的端电压，励磁机交流电压经晶闸管整流后供给同步发电机励磁。

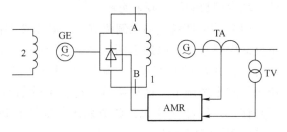

图 2-30　交流励磁机带静止晶闸管整流器励磁
方式原理图
1—同步发电机的励磁绕组　2—交流励磁机的励磁绕组

由于这种励磁方式中的晶闸管作用于同步发电机主磁场回路，励磁调节不经交流励磁机，所以这种励磁方式有较快的励磁响应速度。同时，利用主磁场回路的晶闸管，还可以实现对发电机的逆变灭磁，但励磁机容量要求大一些。因这种励磁方式有较快的励磁响应速度，故可应用在对稳定要求较高的电力系统中。

2）交流励磁机带旋转晶闸管整流器励磁方式。这种励磁方式将交流励磁机制成旋转电枢式，旋转电枢输出的多相交流电经装在同轴的晶闸管整流器整流后，直接送给同步发电机的转子绕组，如图 2-31 所示。这样就无需通过电刷及集电环装置，所以又称为无刷励磁系统。

同带静止晶闸管整流器励磁方式相比，由于带旋转晶闸管整流器励磁方式中没有集电环及电刷的装置，从而避免了大型汽轮发电机集

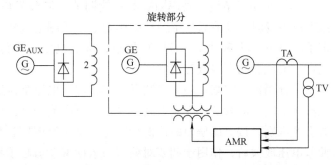

图 2-31　交流励磁机带旋转晶闸管整流器励磁方式原理图
1—同步发电机的励磁绕组　2—交流励磁机的励磁绕组

电环及电刷易发生故障的难题，是比较有前途的励磁方式。在国产 300MW 的机组中目前旋转晶闸管整流器励磁方式配套使用于全氢冷及水氢氢冷机组上。

（3）静止电源供电的励磁方式　这种励磁方式取消了旋转励磁机，使同步发电机励磁静止化。该励磁方式的励磁电源取自同步发电机本身，如图 2-32 所示，励磁电源为励磁变压器，通过晶闸管整流桥 UR 直接供给发电机励磁。

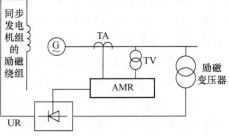

图 2-32　静止电源供电的励磁方式原理图

由于这种励磁方式具有结构简单、所需设备价格低廉、运行维护方便、调节速度快等优点，目前已被国外广泛采用，某些公司甚至把它列为大型机组的定型励磁方式，近年来我国也在一些引进的大型机组上采用。但这种励磁方式存在两个问题：第一，若机端或近处短路，特别是三相短路，励磁电源电压将降低甚至消失，因而影响强励效果；第二，在机端发生短路故障，励磁电源消失的情况下，将影响后备保护的可靠动作，因而对于动作时间超过 0.5s 的保护，一般应采取补救措施。

2. 同步发电机的励磁调节方式

按调节原理区分，同步发电机的励磁调节方式可分为按电压偏差的比例调节和按定子电流、功率因数的补偿调节两种。

（1）按电压偏差的比例调节　按电压偏差的比例调节实际上是一个以电压为被调量的负反馈控制系统，原理框图如图 2-33 所示。显然，被调量 U_f 与给定值 U_z 的偏差越大，调节作用也越强，这就是按电压偏差的比例调节。这种调节系统，不管引起 U_f 变化的原因是什么，只要 U_f 变化，调节系统都能进行调整，最终使 U_f 维持在给定值水平。

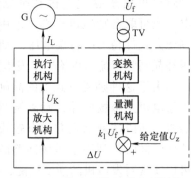

图 2-33　按电压偏差的比例调节原理框图

为使 U_f 维持在给定值水平上，一种方法是通过自动调节励磁装置的调节作用，改变励磁机的附加励磁电流。当然，附加励磁电流与机端电压的变化量成正比。另一种方法是通过自动调节励磁装置的调节作用，改变可控整流桥中晶闸管的导通角来改变励磁电流维持机端电压在给定水平上，当然导通角的大小与机端电压的变化量有关。

（2）按定子电流、功率因数的补偿调节　同步发电机由于电枢反应的存在，当励磁电流保持不变时，在滞后功率因数的影响下，机端电压随定子电流的增大而下降，且在同样的定子电流下，功率因数（滞后）越小，机端电压下降得越多。因此，同步发电机的端电压受定子电流和功率因数变化的影响。

十分明显，在某一功率因数下，若将定子电流整流后供给发电机励磁，则可以补偿定子电流对端电压的影响。应当看到，这种定子电流的补偿调节与按电压偏差的比例调节有着本质上的区别。按电压偏差的比例调节是一个负反馈控制系统，将被调量与给定值比较得到的偏差电压放大后，作用于调节对象，力求使偏差值趋于零，而按定子电流的补偿调节中作为输入量的定子电流并非是被调量，它只补偿由于定子电流变化所引起的端电压的变化，仅起到补偿作用，对补偿后机端电压的高、低并不能直接进行调节。因而，这种补偿调节带有盲目性，因为当定子电流变化时，端电压的变化可能仍然是较大的。

另一种补偿调节的方式与按定子电流的补偿调节不同，作为整流用的输入电流不仅反映发电机电压、电流，而且与功率因数有关。如果整流用的输入电流与 $\dot{E}_q$ 成正比，即与 $\dot{U}_f + j\dot{I}_f X_d$ 成正比，则整流后供给的励磁电流就能补偿定子电流、功率因数变化的影响。显然，这种补偿调节对机端电压来说虽也带有盲目性，但毕竟补偿了影响发电机电压变化的因素，所以在运行中机端电压随定子电流、功率因数的变化不大。需要指出的是，因为这种补偿调节方式能补偿功率因数变化的影响，所以称为相位补偿调节。

（三）同步发电机的冷却方式

发电机运行时，其铜损和铁损均转变为热能，使发电机各部分温度升高。为了保证发电机能在绕组所用绝缘材料的允许温度下长期运行，必须把因损耗产生的热量排出去。热量的排出是通过发电机的冷却系统来实现的。

发电机的冷却介质主要有空气、氢气和水。空气冷却一般用在功率为 50MW 以下的汽轮发电机中，为了确保运行的安全可靠，整个空气系统是封闭的，以使发电机免受环境大气湿度和灰尘等的影响。

氢气的相对密度约为空气的 1/10，采用氢气来取代空气，可使发电机的通风摩擦损耗减少近 90%，从而使发电机的总损耗减少 30% ~ 40%，大大提高了发电机的效率。此外，氢气具有较良好的散热性能，特别是能借提高氢压来显著提高其散热能力，因此氢气作为冷却介质明显地优于空气。但是氢气中混进空气使氢的质量分数下降到 5% ~ 75% 的范围时，将引起爆炸，因此采用氢气冷却的发电机必须采取十分严密的密封以防止空气渗入和氢气外泄。氢气冷却一般用在功率为 5 ~ 60 万 kW 的汽轮发电机中。其中，5 ~ 10 万 kW 的汽轮发电机一般用氢表面冷却；10 ~ 25 万 kW 的汽轮发电机一般转子用氢内冷，而定子用氢表面冷却，20 ~ 60 万 kW 的汽轮发电机采用定子、转子氢内冷。

凝结水不但电导率低，化学性能稳定，且具有远远优于空气和氢气的良好散热能力，因此是较为理想的冷却介质。目前，较大容量的发电机的定子绕组广泛采用水内冷。

现在，国内外较大功率发电机的冷却方式主要有三种：①水氢氢，即定子绕组为水内冷，转子绕组为氢内冷，铁心为氢外冷；②水水空（双水内冷），即定子、转子绕组为水内冷，铁心为空冷；③全氢冷，即定子、转子绕组为氢内冷，铁心为氢外冷。

1. 氢冷发电机的氢气系统

氢冷发电机氢气系统的主要作用是冷却发电机的各个部分，补充发电机运行时的自然漏氢损失，以保持发电机内的氢气压力和纯度在允许范围内，并当发电机停机检修时进行气体置换。氢冷发电机的氢气系统如图 2-34 所示。

（1）氢气系统的运行　正常运行时，发电机内的氢气压力被控制在 0.3MPa 左右。当机内氢气压力高于 0.35MPa 时，氢气安全门动作，使机内氢气压力降至 0.32MPa；当机内氢气压力低于 0.26MPa 时，系统自动报警，发电机需要补氢。补氢方式有三种：一是通过系统控制器传递信号，控制 8 号电磁阀自动补氢；二是压力式自动补偿，将 9 号减压器的输出压力整定为发电机内额定氢压，一旦机内氢气压力降低，9 号减压器将自动输出氢气直至机内氢气压力恢复至额定压力为止；三是手动补氢，手动开启 10 号阀门，直至机内氢压升至额定值时关闭。

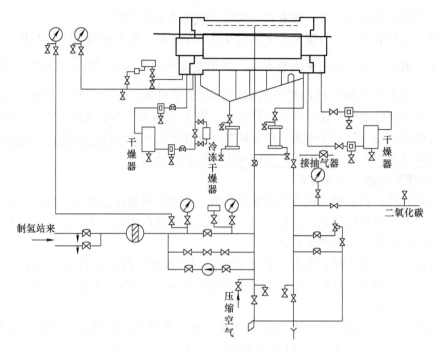

图 2-34　氢冷发电机的氢气系统

正常运行时，机内氢气的质量分数为 96%。当纯度低于 96% 时，系统报警，运行人员应及时开启 14 号排污门排污，同时补氢；当机内氢气压力为 0.3MPa，纯度达 96% 以上时，关闭 14 号排污门和补氢门。

为了保证发电机绝缘良好，氢气系统设两台氢气干燥器以保持机内氢气的干燥。机内氢气在发电机两端转轴风扇的驱动下，沿转子轴向经冷风器降温冷却后，绕至风扇负压区。其中一部分氢气被引入氢气干燥器，经干燥器干燥后进入负压区，如此不断循环，达到干燥氢气的目的。

（2）发电机内气体的置换　氢气是可燃性气体，与空气混合后极易发生爆炸，因此检修发电机时机内不能残留氢气，而投运时机内不能残留空气，故需进行机内气体的置换。在进行气体的置换时，应严禁空气和氢气直接接触。发电机的气体置换主要有两种方法：一是中间气体置换法，即利用惰性气体 CO_2 或 N_2 作为中间介质，避免氢气和空气直接接触；二是真空置换法，即利用汽轮机的射水抽汽器直接将机内的空气（或氢气）抽出，使机内形成高度真空，然后再充入氢气（或空气）。

为了防止发电机两端结合部漏氢，发电机的端部设置了轴封装置（即密封瓦）。为了保证密封瓦正常、有效地工作，设置了密封油系统。

2. 双水内冷发电机的冷却水系统

双水内冷发电机的冷却水系统的主要作用是使冷却水直接在发电机的定子、转子绕组内部通过，冷却发电机的定子、转子绕组。双水内冷发电机的冷却水系统如图 2-35 所示。该系统主要由内冷水泵、内冷水冷却器、过滤器、内冷水箱、离子交换器等组成。

正常运行时，两台交流内冷水泵中一台运行中，一台备用。当泵出口管的压力低于整定值时，压力控制器起动备用泵。内冷水泵从内冷水箱中吸水，升压后送入内冷水冷却器，内冷水冷却器有三台，其中两台运行，一台备用。内冷水经内冷水冷却器降温后，经过滤器进入发电机定子、转子绕组，内冷水吸收发电机定子、转子绕组的热量后回到内冷水箱。内冷水箱高水位处设有溢流管。水箱设有自动补水装置，水位低时，液位信号器动作，自动打开电磁阀补水。

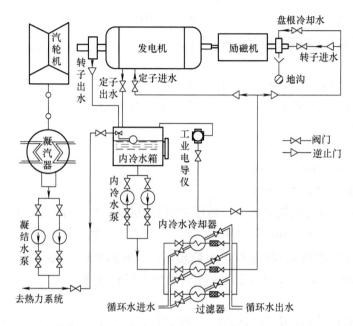

图 2-35　双水内冷发电机的冷却水系统

二、变压器的技术参数及冷却方式

（一）变压器的型号及主要技术参数

1. 型号说明

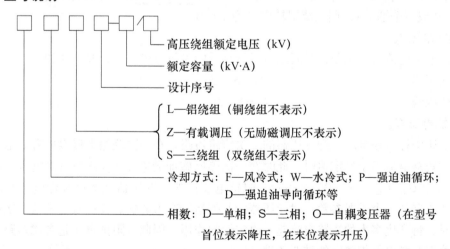

高压绕组额定电压（kV）

额定容量（kV·A）

设计序号

L—铝绕组（铜绕组不表示）

Z—有载调压（无励磁调压不表示）

S—三绕组（双绕组不表示）

冷却方式：F—风冷式；W—水冷式；P—强迫油循环；
D—强迫油导向循环等

相数：D—单相；S—三相；O—自耦变压器（在型号首位表示降压，在末位表示升压）

另外，在型号后可加注防护类型代号，TH 为湿热带，TA 为干热带，符号为汉语拼音。

2. 额定容量 S_N

额定容量是指变压器在厂家铭牌规定的额定电压、额定电流下连续运行时，能输出的容量。其计算公式为

单相电力变压器 $\qquad\qquad\qquad S_N = U_N I_N \times 10^{-3}$

三相电力变压器 $\qquad\qquad\qquad S_N = \sqrt{3} U_N I_N \times 10^{-3}$

式中 $\quad U_N$——变压器二次侧的额定电压，V；

$\qquad I_N$——额定电流，A；

$\qquad S_N$——额定容量（视在功率），kV·A。

注意：对于双绕组变压器，一、二次绕组的额定容量相等。对于三绕组变压器，额定容量有以下组合公式：

高压绕组100%；100%；100%

中压绕组100%；50%；100%

低压绕组100%；100%；50%

自耦变压器的容量分配规定如下：高压绕组为100%，中压绕组为100%，低压绕组为50%。变压器的容量等级按 GB/T 1094.1—2013《电力变压器 第1部分：总则》规定，基本上是按 $\sqrt[10]{10}$ 的倍数增加的，称为 R10 容量系列。一般称 8000~63 000kV·A 的变压器为大型变压器，称 90 000kV·A 及以上的变压器为特大型变压器。

3. 额定电压 U_N

变压器的额定电压是指其长时间运行时所能承受的电压（铭牌上的 U_e 值是指中间分头的额定电压值），单位为 kV。

考虑到在电网中运行的变压器本身有阻抗压降，输电线路也有阻抗压降，为了保证电网的额定电压，升压变压器高压侧、降压变压器低压侧的额定电压都应比系统标准电压高5%或10%。一般来说变压器铭牌上都标明了分接头电压值及调压方式。分接头之间的电压称为分接头电压，一般以额定电压的百分数表示，称为抽头百分比。有载调压变压器的抽头较多（有7、9或多个抽头），调压范围较广（为 ±15% ）。

4. 额定电流 I_N

变压器额定电流为变压器长时间运行所能承受的工作电流。其计算公式如下：

单相变压器 $\qquad\qquad\qquad I_N = S_N / U_N$

三相变压器 $\qquad\qquad\qquad I_N = S_N / 3 U_N$

5. 阻抗电压 U_K

阻抗电压俗称短路电压。把变压器的二次绕组短路，在一次绕组上慢慢地升高电压，当二次绕组的短路电流等于额定值时，此时在一次侧所施加的电压 U_{K1} 就是短路电压。通常用公式 $U_K\% = (U_{K1}/U_{K2}) \times 100\%$ 来表示。阻抗电压反映了变压器在通过额定电流时的阻抗压降，是变压器的一个重要参数；对变压器的并列运行有重要的意义；对变压器二次侧发生突然短路时，将产生多大的短路电流起着决定性的作用。因此，阻抗电压是考虑短路电流热稳定和动稳定及继电保护整定的重要依据。

6. 短路损耗 ΔP_k（铜损）

将变压器的二次绕组短路，在一次绕组分接头上通入额定电流所消耗的功率，称为短路

损耗，简称铜损。铜损包括两部分：基本损耗，即绕组本身的电阻值上损耗；附加损耗，即由于漏磁沿线匝的截面积和长度分布不均而产生的杂散损耗。因为这种损耗与铜导线的电阻电流大小有关，故可称铜损或可变损耗，单位为 W、kW。一般将空载损耗折算至 75℃ 环境下的值。

7. 空载损耗 ΔP_0（铁损）

变压器在额定电压下空载运行时的有功损耗，称为空载损耗，它包含铁心的励磁损耗和涡流损耗，对单个变压器来说，此值与外加电压的二次方成正比，而与负荷的大小无关，故又叫铁心损耗（简称铁损）或固定损耗，单位为 W 或 kW。

8. 空载电流 I_0

空载电流指变压器在额定电压下，二次侧空载时，一次绕组中所通过的电流。空载电流仅起励磁作用，所以又称为励磁电流。它常以与一次绕组额定电流的百分比表示，即

$$I_0\% = \frac{I_0}{I_{N1}} \times 100\%$$

空载电流与变压器的容量及铁心的性质有关，高压、大容量变压器一般在 1% 以下，其大小取决于切除空载变压器时的过电压倍数。切除空载变压器时，绕组电感 L 中所储存的磁场能将转变为电容 C 中的电场能量，即 $\frac{1}{2}LI^2 = \frac{1}{2}CU^2$

$$即 \; U_0 = \sqrt{\frac{L}{C}}I$$

因为过电压 U 将直接作用在断路器的触头开关处，所以为防止操作过电压，有时需在变压器的高压侧与断路器之间装设阀型避雷器。

9. 温升

变压器的绕组或上层油面的温度与周围环境的温度差，称为绕组或上层油面的温升。国家标准规定，当变压器安装在海拔小于 1000m 的地区时，绕组温升要不大于 65℃，上层油面的温升限值为 55℃。油浸变压器在规定的正常使用条件下按额定参数运行，各部温升不超过表 2-2 所列数值，则可保持长期（20 年）安全运行。

表 2-2　油浸变压器在规定的正常使用条件下按额定参数运行时的升温限值

变压器的部位		升温限值/℃	测量方法
绕组	自然油循环 强迫油循环	65	电阻法
	铁心表面	75	温度计法 温度计法
	与变压器油接触的结构表面（非导电部分）	80	
	油顶层	55	

10. 联结组别

大型变压器在电力系统中一般接入 110kV 及以上电压，考虑到高电压系统中性点直接接地，降低绕组绝缘的造价，减小高压侧绕组匝数，减小低压侧相电流和绕组导线截面积，同时使励磁电流中的三次谐波有通路以保证二次电压为正弦波，所以其接线一般为 YNd11。此外，还有双绕组变压器的 Yd11、Yy0 和三绕组的 YNyn0d11 等联结组别；根据联网需要，大型变压器也有采用全 Y 接线方式的，在此不一一列举。

（二）变压器的冷却方式

变压器在运行过程中所产生铜损和铁损都转变为热能，使变压器各部分温度升高，而变压器的温升会直接影响变压器的负荷能力和使用年限。变压器的温升不但与损耗有关，且与冷却方式有关，为了保证运行时变压器的各部分温升不超过允许值，确保变压器安全、经济地运行，必须对变压器采取适当的冷却方式。变压器的冷却方式主要有油浸自然空气冷却、油浸风冷却、强迫油循环冷却和强迫油循环导向冷却等几种。

1. 油浸自然空气冷却

容量为 7500kV·A 及以下的变压器一般采用油浸自然空气冷却。变压器的铁心和绕组直接浸入变压器油中，变压器运行时，铁心和绕组产生的热量首先传递给在其附近的油，使油的温度升高，温度高的油体积膨胀，相对质量密度减小，因此就向油箱的上部流动，冷油自然运动补充到热油原来的位置。而变压器的上层热油经油箱散热器将热量放出，温度降低，密度增大，因而向油箱的下部流动。这样，因油温的差别，产生了油的自然循环流动。

油浸自然空气冷却的变压器通过冷、热油的不断对流，将变压器铁心和绕组的热量带走而传给油箱散热器，而油箱散热器通过油箱壁的辐射及与周围空气的自然对流，把热量散发到空气中。发电厂中的低压厂用变压器就属于这种冷却方式。

2. 油浸风冷却

为了加强冷却效果，容量为 10000kV·A 以上的较大变压器一般采用油浸风冷却。这种冷却方式是在每组油箱散热器上装设风扇，用风扇将风吹于散热器上，加快空气的流动，使热油能迅速冷却，以加速热量的散发，降低变压器的油温。

3. 强迫油循环冷却

由于单纯的加强表面冷却只能降低油的温度，而当油温降到一定程度时，油的黏度增加，会致使油的流速降低，起不到应有的冷却作用。故对于大型变压器，多采用强迫油循环冷却，利用油泵加快油的流动，使变压器得到较好的冷却效果。根据油冷却器冷却方式的不同，强迫油循环冷却又可分为强迫油循环水冷却和强迫油循环风冷却。

强迫油循环水冷系统示意图如图 2-36 所示，变压器的油箱上不装散热器，在变压器外加了一套与它只有油管相连的油系统，这套系统包括油泵、滤油器和油水冷却器等，变压器的油从油箱上部抽出，经油水冷却器冷却，再从油箱下部进入变压器。这种冷却方式有三个优点：一是加速油的油动，冷却效果好；二是由于去掉了庞大的散热器，使变压器的安装面积大大缩小，而油水冷却器等可以安装在合适的地方；三是没有吹风噪声，有利于运行中辨别变压器内的杂音。

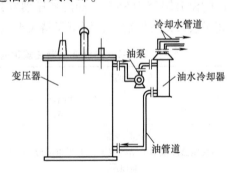

图 2-36 强迫油循环水冷系统示意图

油水冷却器采用对流管式，管内为冷却水，管间的空间为变压器油。二者相对而流，油的热量传给管壁，冷却水从管壁把热量带走。为了防止冷却水漏入油中，油水冷却器中的油压要大于水压，通常应高 0.1~0.15MPa，这样，即使冷却器有点不严密，冷却水也不致流入油中。

强迫油循环风冷系统示意图如图 2-37 所示，冷却器装于变压器油箱壁上或独立的支架上，冷却器内的油采用风扇冷却。为了防止油泵漏油和漏气，目前广泛采用潜油泵和潜油电动机。潜油泵安装在冷却器的下面，为离心式，泵叶直接装在电动机的轴端。电动机为特殊设计，能在热油中长期运转。电动机机座上设有一油循环分路，以便冷却电动机。冷却器本体外侧还有导风筒，经连接管至冷却器的上集油室。热油通过冷却器内带有螺旋状肋片的金属管（冷却管）时，强力通风使其散热。在潜油泵的驱动下，冷油从下集油室经下连接管进入变压器油箱下部。

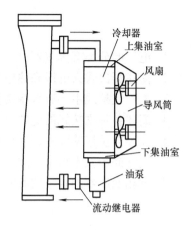

图 2-37　强迫油循环风冷系统示意图

　　一台变压器往往装有多台风冷却器，其中有的当做备用。强迫油循环的变压器一般不允许不开动冷却装置就带负荷运行。

4. 强迫油循环导向冷却

　　这种冷却方式基本上还属于上述强迫油循环类型，其主要区别在于变压器器身部分的油路不同。普通油冷变压器油箱内的油路较乱，油沿着绕组和铁心、绕组和绕组间的纵向油道逐渐上升，而绕组段间（或叫饼间）油的流速不大，局部地方还可能没有冷却到（如图 2-38 中的 A 处），绕组的某些线段和线匝局部温度很高。导向冷却的变压器，在结构上采用了一定的措施（如加挡油纸板、纸筒），使油按一定的路径流动。导向冷却变压器的油道示意图如图 2-39 所示。泵口的冷油，在一定压力下被送入绕组间、线饼间的油道和铁心的油道中，能冷却绕组的各个部分，这样可以提高冷却效能。变压器器身内部的油路通过固定在下夹件上的一根胶木管和外部冷却装置连接，油从油箱底部进入油箱。其外部油路和前面所讲的强迫油循环水冷变压器的冷却系统相似。这种冷却方式用于大型变压器。

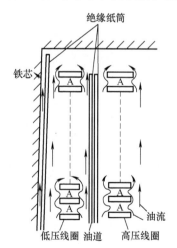

图 2-38　非导向冷却变压器内部油路示意图

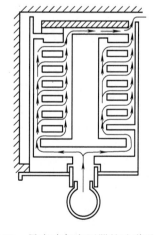

图 2-39　导向冷却变压器的油道示意图

　　除上述几种常见的冷却方式外，变压器还有油浸箱外水冷（喷雾法）、蒸发冷却（利用作为冷却用的液体蒸发时会从吸收周围大量热量的原因来冷却变压器）和水内冷（将纯净的水通入绕组的空心导线内部直接冷却导线）等冷却方式。

思 考 题

1. 电厂的分类有哪些?
2. 简述凝汽式火电厂和热电厂的区别。
3. 电厂主接线主要有哪些类型?
4. 简述各种主接线的优缺点。
5. 简述内桥接线和外桥接线的区别。
6. 简述同步发电机常用的励磁方式。
7. 三相变压器的容量比有哪些?

项目三　电厂设备的正常运行及检查维护

> ➤ **项目教学目标**
> ◆ **知识目标**
> 掌握发电机、变压器以及正常运行方式。
> 了解电动机、变压器以及其他一次设备的巡视检查和维护方法。
> ◆ **技能目标**
> 熟悉发电机、变压器的运行方式及巡视检查维护的方法。

任务一　发电机的正常运行及巡视检查

一、发电机的运行方式

（一）发电机的额定运行方式

发电机按制造厂铭牌额定参数运行的方式，称为额定运行方式。发电机的额定参数是制造厂对其在稳定、对称运行条件下规定的最合理的运行参数。当发电机在各相电压和电流都对称的稳态条件下运行时，具有损耗小、效率高、转矩均匀等优点。所以在一般情况下，发电机应尽量保持在额定或接近额定工作状态下运行。

（二）发电机的允许运行方式

由于电网负荷的变化，不可能所有的发电机组都按铭牌额定参数运行，会出现某些机组偏离铭牌参数运行的情况。发电机的运行参数偏离额定值，但在允许范围内，这种运行方式为允许运行方式。

1. 发电机允许温度和温升

发电机运行时会产生各种损耗，这些损耗一方面使发电机的效率降低，另一方面会变成热量使发电机各部分的温度升高。温度过高及高温延续时间过长都会使绝缘加速老化，缩短使用寿命，甚至引起发电机事故。一般来说，发电机温度若超过额定允许温度6℃长期运行，其寿命会缩短一半（即6℃规则）。所以，发电机运行时，必须严格监视各部分的温度，使其在允许范围内。另外，由于发电机内部的散热能力不与周围空气温度的变化成正比，当周围环境温度较低，温差增大时，为使发电机内各部位实际温度不超过允许值，还应监视其允许温升。

发电机的连续工作容量主要决定于定子绕组、转子绕组和定子铁心的温度。这些部分的允许温度和允许温升，决定于发电机采用的绝缘材料等级和温度测量方法。通常容量较大的发电机，大多采用 B 级绝缘材料，也有的采用 F 级绝缘材料，绝缘材料不同则测温方法也不完全相同。因此，发电机运行时的温度和温升，应根据制造厂规定的允许值（或现场试验值）确定。若无厂家规定时，可按表 3-1 执行。

表 3-1 中，发电机定子铁心和定子绕组的允许温度同为 105℃。因为一方面有部分定子

铁心直接与定子绕组接触，定子铁心的温度超过105℃时会使定子绕组的绝缘遭受损坏；另一方面定子硅钢片间的绝缘在温度超过105℃时也会迅速损坏，特别是采用纸绝缘时，若温度经常在100℃以上，由于绝缘纸的过分干燥而较绝缘漆更易损坏，所以发电机定子铁心的允许温度不应超过定子绕组的允许温度。

表 3-1　发电机各主要部分的温度和温升允许值

发电机部位	允许温升/℃	允许温度/℃	温度测试方法
定子铁心	65	105	埋入检温计法
定子绕组	65	105	埋入检温计法
转子绕组	90	130	电阻法

发电机转子绕组的允许温度为130℃，高于定子绕组的允许温度，其原因是转子绕组电压较低，且绕组温度分布均匀，不会像定子绕组因受定子铁心温度的影响而可能出现局部过热；其次，定子、转子绝缘材料不同，测温方法也不同。

2. 冷却介质的质量、温度和压力允许变化范围

发电机的冷却介质主要有氢气、水和空气。氢气冷却一般用在容量为50～600MW的汽轮发电机中。其中，50～100MW的汽轮发电机一般用氢表面冷却；100～250MW的汽轮发电机的转子一般用氢内冷，而定子用氢表面冷却；200～600MW的汽轮发电机采用定子、转子氢内冷。容量较大的发电机的定子绕组广泛采用水内冷。空气冷却一般用在50MW以下的汽轮发电机中。目前，国内外大、中型水轮发电机主要采用空气冷却和水冷却。

为保证发电机能在其绝缘材料的允许温度下长期运行，必须使其冷却介质的温度、压力运行在规定的范围内，其冷却介质的质量也必须符合规定。

（1）氢气的质量、压力和温度　机组运行时，为防止氢气爆炸，氢气质量必须达到规定标准：氢气纯度正常时应维持在98%或以上，其湿度不大于 $2g/m^3$（一个标准大气压下）。氢冷发电机氢气压力的大小，直接影响发电机各绕组的温度和温升。任何情况下，发电机的最高和最低运行氢压不得超过制造厂的规定。为保证机组额定出力和各部分温度、温升不超过允许值，发电机冷氢温度应不超过额定的冷氢温度。温度太低，机内容易结露；温度太高，影响发电机出力。

（2）冷却水的水质、温度和水压　冷却水的水质对发电机的运行有很大影响，如果电导率大于规定值，运行中会引起较大泄漏电流，使绝缘引水管老化，过大的泄漏电流还会引起相间闪络；水的硬度过大，则水中含钙、镁离子多，运行中易使管路结垢，影响冷却效果，甚至堵塞管道。为保证发电机的安全运行，对内冷水质有如下规定：

电导率小于 $1.5\mu\Omega/cm$（20℃）；硬度小于 $10\mu g/L$；酸碱度（pH值）为7～9。水内冷发电机的进水温度的高低对其运行有很大影响，定子内冷水进水温度过高，影响发电机出力，而水温过低，则会使机内结露。故发电机的进水温度变化时，应根据规程规定接带负荷。发电机内冷水进水温度一般规定为40～45℃，有的制造厂规定为45～50℃。同时发电机定子绕组和转子绕组中的出水温度也不得超过规定值，以防止出水温度过高，引起水汽化而使绕组过热烧坏。

定子内冷水水压的高低，会影响定子绕组的冷却效果，影响机组出力，故机组内冷水进水压力应符合制造厂规定。为防止定子绕组漏水，内冷水运行压力不得大于氢压。当发电机的氢压发生变化时，应相应调整水压。

（3）冷却空气的温度　我国规定发电机进口风温不得高于40℃，出口风温一般不超过75℃，冷却气体的温升一般为25～30℃。在此风温下，发电机可以连续在额定容量下运行。当进口风温高于规定值时，冷却条件变差，发电机的出力就要减少，否则发电机各部分的温度和温升就要超过其允许值。反之，当进口风温低于规定值时，冷却条件变好，发电机的出力允许 适当增加。

采用开启式通风的发电机，其进口风温不应低于5℃，温度过低会使绝缘材料变脆。采用密封式通风的发电机，其进口风温一般不宜低于15～20℃，以免在空气冷却器上凝结水珠。

3. 发电机电压的允许变化范围

发电机应运行在额定电压下。实际上，发电机的电压是根据电网的需要而变化的。发电机电压在额定值的±5%范围内变化时，允许长期按额定出力运行。当定子电压较额定值减小5%时，定子电流可较额定值增加5%，因为电压低时，铁心中磁通密度降低，因而铁损也降低，此时稍增加定子电流，绕组温度也不会超过允许值。反之，当定子电压较额定值增加5%时，定子电流应减小5%。这样，如果功率因数为额定值时，发电机就可以连续地在额定出力下运行。发电机电压的最大变化范围不得超过额定值的±10%。发电机电压偏离额定值超过±5%时，都会给发电机的运行带来不利影响。

（1）电压低于额定值对发电机运行的主要影响

1）降低发电机并列运行的稳定性和电压调节的稳定性。当电压降低时，功率极限降低，若保持输出功率不变，则势必增大功角运行，而功角越接近90°，并列运行的稳定性越差，容易引起发电机振荡或失步。另一方面，电压降低时发电机铁心可能处于不饱和状态，其运行点可能落在空载特性的直线部分，励磁电流作小范围的调节都会造成发电机电压的大幅变动，且难以控制。这种情况还会影响并列运行的稳定性。

2）使发电机定子绕组温度升高。在发电机电压降低的情况下，若保持出力不变，则定子电流增大，有可能使定子温度超过允许值。

3）影响厂用电动机和整个电力系统的安全运行，反过来又影响发电机本身的运行。

（2）电压高于额定值对发电机运行的主要影响

1）转子绕组温度有可能超过允许值。保持发电机有功输出不变而提高电压时，转子绕组励磁电流就要增大，这会使转子绕组温度升高。当电压升高到1.3～1.4倍额定电压运行时，转子表面脉动损耗增加（这些损耗与电压的二次方成正比），使转子绕组的温度有可能超过允许值。

2）使定子铁心温度升高。定子铁心的温升一方面是定子绕组发热传递的；另一方面是定子铁心本身的损耗发热引起的。当定子端电压升高时，定子铁心的磁通密度增高，铁心损耗明显上升，使定子铁心的温度大大升高。过高的铁心温度会使绝缘漆烧焦、起泡。

3）可能使定子结构部件出现局部高温。由于定子电压升高过多，定子铁心磁通密度增大，使定子铁心过度饱和，会造成较多的磁通逸出轭部并穿过某些结构部件，如机座、支撑筋、齿压板等，形成另外的漏磁磁路。过多的漏磁会使结构部件产生较大涡流，可能引起局部高温。

4）对定子绕组的绝缘造成威胁。正常情况下，定子绕组的绝缘材料能耐受1.3倍额定电压。但对运行多年、绝缘材料已老化或本身有潜伏性绝缘缺陷的发电机，升高电压运行，定子绕组的绝缘材料可能被击穿。

4. 发电机频率允许变化范围

正常运行时，发电机的频率应经常保持在50Hz。但是，因为电力系统负荷的增减频繁，而频率调整不能及时进行，因此频率不能始终保持在额定值上，可能稍有偏差。频率的正常变化范围应在额定值的±0.2Hz以内，最大偏差不应超过额定值的±0.5Hz。频率超过额定值的±2.5Hz时，应立即停机。在允许变化范围内，发电机可按额定容量运行。频率变化过大将对用户和发电机带来有害的影响。

（1）频率降低对发电机运行的影响

1）频率降低时，发电机转子风扇的转速会随之下降，使通风量减少，造成发电机的冷却条件变坏，从而使绕组和铁心的温度升高。

2）频率降低时，定子电动势随之下降。若保持发电机出力不变，则定子电流会增加，使定子绕组的温度升高；若保持电动势不变，使出力也不变，则应增加转子的励磁电流，也会使转子绕组的温度升高。

3）频率降低时，若用增加转子电流来保持机端电压不变，会使定子铁心中的磁通增加，定子铁心饱和程度加剧，磁通逸出磁轭，使机座上的某些部件产生局部高温，有的部位甚至冒火花。

4）频率降低时，厂用电动机的转速会随之下降，厂用机械的出力降低，这将导致发电机的出力降低。而发电机出力下降又会加剧系统频率的再度降低，如此恶性循环，将影响系统稳定运行。

5）频率降低，可能引起汽轮机叶片断裂。因为频率降低时，若出力不变，转矩应增加，这会使叶片过负荷而产生较大振动，叶片可能因共振而折断。

（2）频率过高对发电机运行的影响　频率过高时，发电机的转速升高，转子上承受的离心力增大，可能使转子部件损坏，影响机组安全运行。当频率高至汽轮机危急保安器动作时，会使主汽门关闭，机组停止运行。

5. 发电机功率因数的允许变化范围

发电机运行时的定子电流滞后于定子电压一个角度 φ，同时向系统输出有功功率和无功功率，此工况为发电机的迟相运行，与此工况对应的 $\cos\varphi$ 为迟相功率因数。当发电机运行时的定子电流超前于定子电压一个角度 φ，发电机从系统吸取无功功率，用以建立机内磁场，并向系统输出有功功率，此工况为发电机的进相运行，与此工况对应的 $\cos\varphi$ 为进相功率因数。发电机的额定功率因数，是指发电机在额定出力时的迟相功率因数 $\cos\varphi$，其值一般为 $0.8 \sim 0.9$。

发电机运行时，由于有功负荷和无功负荷的变化，其 $\cos\varphi$ 也是变化的。为保持发电机的稳定运行，功率因数一般运行在迟相 $0.8 \sim 0.95$ 范围内。$\cos\varphi$ 也可以工作在迟相的 $0.95 \sim 1.0$ 或进相 0.95，但此种工况下发电机的静态稳定性差，容易引起振荡和失步。因为，迟相 $\cos\varphi$ 值越高，输出的无功功率越小，转子励磁电流越小，定子、转子磁极间的吸力减小，功角增大，定子的电动势降低，发电机的功率极限也降低，故发电机的静态稳定度降低。所以，通常规定 $\cos\varphi$ 一般不得超过迟相 0.95 运行，即无功功率不应低于有功功率的 $1/3$。对于有自动调节励磁的发电机，在 $\cos\varphi = 1$ 或 $\cos\varphi$ 在进相 $0.95 \sim 1.0$ 范围内时，也只允许短时间运行。

$\cos\varphi$ 的低限值一般不作规定，因其不影响发电机运行的稳定性。

发电机在 $\cos\varphi$ 变化情况下运行时，有功和无功出力一定不能超过发电机的允许运行范围。在静态稳定条件下，发电机的允许运行范围主要决定于下述 4 个条件：

1）原动机的额定功率。原动机的额定功率一般要稍大于或等于发电机的额定功率。

2）定子的发热温度。发热温度决定了发电机额定容量的安全运行极限。

3）转子发热温度。该温度决定了发电机转子绕组和励磁机的最大励磁电流。

4）发电机进相运行时的静态稳定极限。发电机进相运行时，考虑运行稳定，发电机的有功输出受到静态稳定极限的限制。

由上述 4 个条件，可绘出图 3-1 所示的汽轮发电机安全运行极限（即 P—Q 曲线）。P—Q 曲线对运行人员是很有用处的，运行人员可对照 P—Q 曲线，核定某工况下发电机所带有功和无功是否在允许范围内（即 G、F、D、C、B 点连成的安全运行极限范围内）。

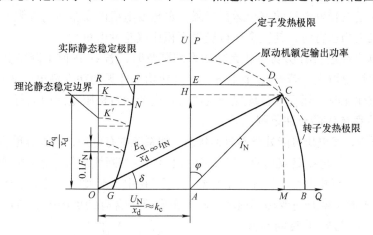

图 3-1　汽轮发电机的安全运行极限

在图 3-1 中，C 点为发电机的额定工作点，对应的 OC 长度代表转子额定励磁电流 i_{fN}，AC 的长度代表定子额定电流 I_N，也代表了定子的额定视在功率 $S_N = I_N U_N$。AC 在纵轴上的投影 AH 表示定子的额定有功功率 P_N，在横轴上的投影 AM 表示定子的额定无功功率 Q_N，AC 与纵轴的夹角 φ 表示功率因数角，故对应 A 点的 $\varphi = \varphi_N$。φ 角的变化，反映了发电机输出有功功率和无功功率的变化，但其工作点不能超出发电机安全运行极限范围。下面对 P—Q 曲线的各安全限制线进行讨论。

（1）转子发热极限　转子发热正比于转子铜损，而转子铜损与转子励磁电流的二次方成正比。当 $\varphi > \varphi_N$（$\cos\varphi$ 值小于额定值）时，发电机的有功功率输出减小，无功功率输出增大，如果定子电压和电流维持额定不变（即输出 S_N 不变），则发电机的工作点必须沿着定子发热极限变化，由图 3-1 可知，此时，转子励磁电流 $i_f > i_{fN}$，转子就会过热。为此，当 $\varphi > \varphi_N$ 时，工作点应沿着 $i_f = i_{fN}$ 的圆弧曲线 CB（转子发热极限）变化，此时，定子电流 $I < I_N$，定子绕组容量未充分利用。

（2）定子发热极限　定子绕组的发热与定子电流的二次方成正比。正常运行时，定子电流不能超过 I_N 运行，所以，定子电流 $I = I_N$ 的轨迹圆就是避免定子绕组过热的安全极限。图 3-1 中的弧线 CD 就是这一限制线，当 $\varphi < \varphi_N$（$\cos\varphi$ 值大于额定值）时，发电机的有功功

率输出增大，无功功率输出减小，如果维持转子额定励磁电流不变，则发电机工作点应沿着转子发热极限变化。此时，定子电流 $I > I_N$，定子会过热，所以，当 $\varphi < \varphi_N$ 时，工作点应沿着 $I = I_N$ 的圆弧 CD 的轨迹变化。此时，转子励磁电流 $i_f < i_{fN}$，转子绕组容量未充分利用。

（3）原动机输出功率极限　汽轮机和水轮机是发电机的原动机，其额定功率稍大于发电机的额定功率。图 3-1 中 DF 是原动机的最大安全输出功率 P_m，它比转子发热极限、定子发热极限都小。当 $\varphi < \varphi_N$ 时，从 D 点起，随着 φ 角的减小，发电机的输出不会超过原动机的输出，故工作点只能沿着 DF 变化，DF 成为发电机的安全限制线。

（4）静态稳定极限　理论上汽轮发电机的静态稳定极限是功角 $\delta = 90°$，即垂直线 OR 是理论上静态稳定的运行边界。因发电机有突然过负荷的可能性，需留有裕量，以便在不改变转子励磁电流的情况下，能承受突然性的过负荷，图 3-1 中的曲线 FG 是考虑了能承受 $0.1P_N$ 过负荷的实际静态稳定极限。

以上讨论的是汽轮发电机的安全运行极限，水轮发电机的安全运行极限与汽轮发电机相似。水轮发电机进相运行时，其安全运行极限面积比汽轮发电机大。

运行中发电机在进行有功功率和无功功率的调节时，若 $\cos\varphi$ 值下降则其有功功率输出减小，无功功率输出增大；若 $\cos\varphi$ 值上升，则有功功率和无功功率输出的变化与上述相反。因此，功率因数变化时，运行人员应控制发电机在安全运行极限范围内运行。

6. 定子不平衡电流的允许范围

在实际运行中，发电机可能处于不对称状态，如系统中有电炉、电焊等单相负荷存在，系统发生不对称短路、输电线路或其他电气设备一次回路一相断线、断路器或隔离开关一相未合上等原因，使发电机三相电流不相等（不平衡）。不平衡电流对发电机的运行有如下不良影响：

1）使转子表面温度升高或局部损坏。不平衡电流中含有的负序电流所产生的负序旋转磁场，其旋转方向与转子转向相反，对转子的相对速度是同步转速的两倍，它将在转子绕组、阻尼绕组、转子铁心表面及其他金属结构部件中出感应倍频（100Hz）电流（见图 3-2）。倍频电流因趋肤效应在转子铁心表面流通，引起损耗使转子铁心表面发热，温度升高。倍频电流在转子绕组、阻尼绕组中流过时，引起绕组附加铜损，使转子绕组温度升高。

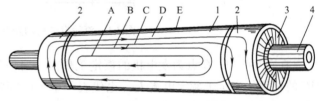

图 3-2　负序磁场引起转子表面环流
1—转子　2—套箍　3—心环（压环）　4—轴
A、B、C、D、E—负序电流的路径

转子铁心中的倍频电流在铁心中环流时，大部分通过转子本体，也越过许多转子金属部件的接触面，如齿、槽楔、套箍、中心环等，因接触面的接触电阻大，在一些接触面会形成局部高温，造成转子局部损坏，如套箍与齿的接触被烧伤。

发热对汽轮发电机转子的影响尤为显著，因为汽轮发电机为隐极式转子，铁心为圆柱形且用整个钢锭整体锻制而成，转子绕组放在槽中不易散热。

2）引起发电机振动。由于定子三相电流不对称，定子负序电流产生的负序磁场相对转子以 2 倍同步转速旋转，它与转子磁场相互作用，产生 100Hz 的交变转矩，该转矩作用在转子及定子机座上，产生 100Hz 的振动。由于水轮发电机为凸极式转子，沿圆周气隙不均匀、磁阻不等、磁场不均匀，而汽轮发电机为隐极式转子，沿圆周气隙较均匀、磁阻相差不大、磁场比较均匀，故三相电流不平衡运行时，负序磁场引起的机组振动，水轮发电机比汽轮发电机严重。因此，水轮发电机常设置阻尼绕组，利用其对负序磁场的去磁作用，可以减小负序电抗，同时可以降低负序磁场对转子造成的过热，以及减小附加振动转矩。

为此，对发电机三相不平衡电流的允许范围作如下规定：

1）正常运行时，汽轮发电机在额定负荷下的持续不平衡电流（定子各相电流之差）不应超过额定值的10%，对水轮发电机和调相机来讲，则不应超过额定值的20%，且最大一相的电流不大于额定值。在低于额定负荷下连续运行时，不平衡电流可大于上述值，但不得超过额定值的20%，其具体数据应根据试验确定。

2）长期稳定运行，每项电流均不大于额定值时，其负序电流分量不大于额定值的8% ~ 10%。水轮发电机允许担负的负序电流，不大于额定电流的12%。

3）短时耐负序电流的能力应满足 $I_2^2 t \leqslant 10$。式中，I_2 是时间 t 内变化着的负序电流有效值与额定值的比值；t 是故障时允许 I_2 存在的时间。

7. 发电机组绝缘电阻的允许范围

在发电机起动前或停机备用期间，应对其绝缘电阻进行监测，以保证发电机能安全运行。测量对象为发电机定子绕组、转子绕组、励磁回路、励磁机轴承绝缘垫、主励定子绕组、转子绕组、副励定子绕组以及各测温元件。

1）发电机定子绝缘电阻的规定。300MW 及以上的火电机组，一般接成发变组（即发电机变压器的简称）单元接线，测量发电机定子回路的绝缘电阻（包括发电机出口封闭母线、主变⊖低压侧绕组、厂变⊖高压绕组），一般用专用发电机绝缘测试仪进行测量。测量时，定子绕组水路系统内应通入合格的内冷水，不同条件下的测量值换算至同温度下的绝缘电阻（一般换算至 75℃ 下），不得低于前一次测量结果的 1/3 ~ 1/5，但最低不能低于 20MΩ，吸收比（R''_{60}/R''_{15}）不得低于 1.3。发电机的定子出口与封闭母线断开时，定子绝缘电阻值不低于 200MΩ。绝缘电阻不符合上述要求时，应查明原因并处理。

不同温度下的绝缘电阻值换算至 75℃ 下的电阻值的换算公式如下：

$$R_{75℃} = R_t/2^{\left(\frac{75-t}{10}\right)} = K_t R_t \qquad (3\text{-}1)$$

式中　R_t——温度为 t 时的绝缘电阻值，Ω；

　　　$R_{75℃}$——75℃时的绝缘电阻值，Ω；

　　　K_t——温度系数。

在任意温度下测得的定子绕组绝缘电阻值，也可直接用温度系数 K_t 将其换算为 75℃ 下的绝缘电阻值，定子绕组不同温度下绝缘电阻温度系数见表 3-2。

表 3-2　定子绕组不同温度下绝缘电阻温度系数 K_t

t/℃	K_t	t/℃	K_t	t/℃	K_t	t/℃	K_t
10	0.0111	26	0.0333	42	0.1010	58	0.3030
12	0.0126	28	0.0385	44	0.1162	60	0.3571
14	0.0145	30	0.0435	46	0.1333	62	0.4056

⊖　主变即主变压器的简称。

⊜　厂变即厂用变压器的简称。

（续）

$t/℃$	K_t	$t/℃$	K_t	$t/℃$	K_t	$t/℃$	K_t
16	0.0166	32	0.0500	48	0.1538	64	0.4566
18	0.0192	34	0.0588	50	0.1754	67	0.5747
20	0.0222	36	0.0666	52	0.2041	70	0.7079
22	0.0256	38	0.0769	54	0.2326	72	0.8130
24	0.0294	40	0.0885	56	0.2703	75	1.0000

测量发电机定子回路绝缘电阻也可用 1000 ~ 2500V 绝缘电阻表进行（定子绕组用空气或氢气冷却）。

2）发电机转子绕组及励磁回路绝缘电阻值的规定。用 500V 绝缘电阻表测量转子绕组绝缘电阻值，不得低于 5MΩ，包括转子绕组在内的励磁回路绝缘电阻值不得低于 0.5MΩ。

3）主、副励磁机绝缘电阻值的规定。主、副励磁机定子绕组和主励磁机转子绕组的绝缘电阻值，应用 500V 绝缘电阻表测量，其值不得低于 1MΩ。

4）轴承和测温元件绝缘电阻值的规定。发电机和励磁机轴承绝缘垫的绝缘电阻值，应用 1000V 绝缘电阻表测量，其值不得低于 1MΩ；发电机内所有测温元件的对地绝缘电阻值在冷态下应用 250V 绝缘电阻表测量，其值不得低于 1MΩ。

二、发电机运行中的巡检与维护

（一）发电机组运行中监测的内容及方法

发电机运行时，运行值班人员应对发电机的运行工况进行严密监测，要有严格的巡检制度。运行工况的监测和巡检包括对有关表计的监视和通过切换装置对运行参数的测量，对监测的参数进行分析，以确定发电机的运行工况是否正常，并进行相应的调节。

1. 通过测量仪表及画面显示进行监视

发电机装有各种测量表计，如有功功率表（简称有功表）、无功功率表（简称无功表）、定子电压表、定子电流表、转子电压表、转子电流表、频率表、主励磁机转子电压表和电流表、副励磁机交流电压表、AVR（自动励磁调节器）的输出电压表和电流表、AVR 自动励磁与手动励磁输出的平衡电压表、50Hz 手动励磁输出电压表等。此外，还有温度巡检装置、自动记录装置和计算机 CRT（阴极射线管）画面显示等。

发电机运行过程中，值班人员应严密监视发电机各表计、自动记录装置的工作情况，各仪表显示应与计算机 CRT 画面显示相符，各表计指示应不超过额定值，平衡电压表跟踪正常。监盘过程中，应根据有功负荷、电网电压等情况，及时做好无功负荷、发电机电压、电流及励磁系统参数的调整，使机组在安全、经济的最佳状态下运行。同时，应针对各表计的指示值，结合运行资料，及时分析、判断有无异常。

另外，发电机运行中，运行值班人员应每小时记录一次发电机盘上各表计的指示值和发电机各部位的温度，应与计算机打印结果相符。通过定时抄录和打印，积累运行资料，提供运行分析数据，以便监视和掌握发电机运行工况，及时发现异常和采取相应措施，保证发电机正常运行。

2. 通过检测装置进行监视

发电机运行时，通过检测装置进行的监测有以下几方面：

（1）转子绕组及励磁回路的绝缘监测 发电机运行时，转子绕组的绝缘是最薄弱的部分。因转子高速运转，离心力大，温度最高，且转子运转时，其通风孔可能被冷却气体中的灰尘和杂物堵塞，这样长期运行会使转子绕组的绝缘降低，故运行中需用转子绝缘监测装置定期（每班一次）对转子绕组回路的绝缘电阻进行测量。方法有：

1）用电压表测量。测量时，切换转子电压表控制开关，分别测量出转子正、负极之间的电压 U，转子正极对地电压 U_1，转子负极对地电压 U_2，再通过式（3-2）计算出转子绕组的绝缘电阻。

$$R = R_B \left(\frac{U}{U_1 + U_2} - 1 \right) \times 10^{-6} \tag{3-2}$$

式中 R——转子绕组对地绝缘电阻，$M\Omega$；

R_B——转子电压表内阻，Ω。

对于氢冷机组，要求 $R \geqslant 0.5 M\Omega$。对于水冷机组，各制造厂规定值不同，一般要求 $R \geqslant 100 M\Omega$。

2）用磁场接地检测装置测量发电机转子和励磁机转子的绝缘电阻。

（2）定子绕组绝缘的监测 定子绝缘监测装置由电压表和切换开关组成，通过测量各相对地电压判断定子绕组的绝缘情况。绝缘正常时，各相对地电压相等且平衡。当测量发现一相对地电压降低（或为零），而另两相电压升高时，则说明电压降低的一相对地绝缘电阻下降（或发生金属性接地）。也可通过测量定子回路零序电压（发电机电压互感器二次侧开口三角形绕组两端电压）来监视定子绕组的绝缘。零序电压除在交接班时进行测量外，值班时间内至少还应测量一次。

（3）转子绕组运行温度的监测 转子绕组的运行温度用电阻法进行监测，并按式（3-3）计算。转子绕组的电阻值应使用 0.2 级的电压表和电流表测量。

$$t_2 = \frac{(235 + t_1) R_2}{R_1} - 235 \tag{3-3}$$

$$R_2 = \frac{U_b - \delta}{I_b}$$

式中 t_2——运行中热态转子绕组温度，℃；

t_1——停运时冷态转子绕组温度，℃；

R_1——对应 t_1 的转子绕组直流电阻，Ω；

R_2——对应 t_2 的转子绕组直流电阻，Ω；

U_b——用转子电压表测量的转子电压，V；

I_b——转子电流，A；

δ——电刷压降，可忽略不计。

（4）定子各部位运行温度的监测 通过发电机温度巡检装置的切换测量或计算机 CRT 画面显示，可监视发电机定子绕组、定子铁心、冷风区、热风区、氢气冷却器、密封油及轴承等不同部位的运行温度。需要指出的是，为防止机壳内结露影响定子绝缘，在任何情况下均应防止冷氢温度高于内冷水入口温度。

（二）发电机运行中的检查与维护

1. 发电机本体的检查与维护

（1）检查 运行中的发电机，一般应检查下列项目：

1）发电机运行时检查声音应正常，无金属摩擦或撞击声，无异常振动现象。若发现异常，应及时检查处理。

2）发电机运行时，检查外壳应无漏风，机壳内无烟气和放电现象。由于定子、转子运行温度较高，冷却气体的密封可能会损坏，运行中应定期检查定子本体漏风情况。在补氢量较多时，应对本体进行查漏。当发电机内部发生短路故障，如转子端部绕组两点接地而保护失灵时，转子端部绝缘会烧坏，机端转子间隙可能发生喷射黑烟和火苗，并伴随异常振动，故运行中应检查机内无烟气或放电现象。

3）发电机运行时，应检查机端绕组运行情况。从机端窥视孔观察，机端定子绕组无变形、无流胶、无绝缘磨损黄粉、绑线垫块无松动、绕组无结露、定子绝缘引水管接头不渗漏、无抖动及磨损、机端灭灯观察无电晕等现象。

4）运行中的发电机，应定期检查液位检测器内的漏水、漏油情况。每班应打开一次液位检测器的排液门进行排液，其内应无水、油排出。否则，应立即排净液体，并检查机端绕组、绝缘引水管、氢气冷却器是否漏水。若漏油严重，说明密封油压不正常，应及时处理。

5）发电机运行时，应检查集电环和电刷。集电环表面应清洁、无金属磨损痕迹、无过热变色现象，集电环和大轴接地的电刷在刷握内无跳动、冒火、卡涩或接触不良的现象，电刷未破碎、不过短，刷辫未脱落、未磨断，刷握和刷架无油垢、炭粉和尘埃等情况。

6）对于水轮发电机组，还应检查水轮机顶盖的积水情况，大轴水封松紧是否适当，导水机构各连接部件是否牢固，导水机构动作是否平衡灵活，导水叶套筒轴承应不漏水，查剪断销信号装置是否完好。检查各油槽油位、油色是否正常，油有无溅漏。检查各空气冷却器温度是否均匀，有无过热、结露及漏水现象。检查风洞内是否清洁、无杂物，带电设备有无电晕放电现象和异常声音，有无焦臭味。

（2）维护　运行中的发电机，应做好下述维护工作：

1）清扫脏污。对刷握和刷架上的积灰可用不含水分的压缩空气（压力适中）吹净，也可用毛刷清扫。油污可用棉布蘸少量四氯化碳擦净。操作时注意不要被转动部分绞住，必要时，可依次取出电刷逐个清扫。

2）调整电刷弹簧压力。电刷运行时，应定期用手提拉每个电刷的刷辫，以检查各电刷的压力是否均匀及电刷在刷握中是否有卡涩或间隙过大的情况。刷压过大或过小电刷都会产生火花，对于压力过大的电刷，先将电刷取出，待冷却后再放回刷握，然后适当减小弹簧压力，并稍微增大其他电刷的压力；对于压力过小的电刷，可适当增大弹簧的压力。

3）定期测量电刷的均流度。运行中的发电机，由于电刷长短、弹簧压力大小不一致，使各电刷与集电环的接触电阻相差较大，各电刷流过的电流不均匀，致使有的电刷电流为零，有的电刷电流很大。零电流电刷越多，其他电刷过载越严重，如不及时处理，大电流电刷会因严重过载而发热烧红，使刷辫熔化，继而形成恶性循环而被迫停机。因此，应定期测量电刷的均流度，并及时处理异常。可用钳形电流表测量电刷均流度：测量前，检查钳嘴部分应绝缘良好；测量时，应注意不要将钳嘴碰到集电环面，也不要接触到接地部分。处理过程中，切忌将大电流电刷脱离集电环面，否则会加大其他大电流电刷的承载电流而造成严重后果。所以，应先处理零电流电刷，使其电流接近平均值，这样处理后，大电流电刷的电流便会自动趋于正常。

4）更换电刷。处理零电流电刷的方法应根据不同情况而定。电刷过短时，应更换电刷；压缩弹簧压力低或失效时，应更换新弹簧；因电刷脏污引起零电流，应用棉布擦拭或用000 号细砂纸轻擦。更换新电刷的注意事项如下：

① 更换新电刷时，应执行《发电机运行规程》的有关条文。如工作人员应穿绝缘鞋，站在绝缘垫上工作，工作服袖口扎紧，戴手套，使用良好的绝缘工具等。

② 更换的电刷必须与原电刷同型号。如几种型号的电刷混用，会因电刷材料硬度和导电性能不同，可能加速集电环面磨损或部分电刷过热而影响机组的正常运行。

③ 更换电刷的过程中应防止电极接地及极间短路。严禁同时用两手碰触励磁回路和接地部分或不同极的带电部分，也不允许两个人同时进行同一机组不同极的电刷调换，以免造成励磁回路两点接地短路。

④ 更换后的电刷，要保证电刷在刷握内活动自如，无卡涩，弹簧压力正常。同时，对未更换的电刷，按磨损程度将弹簧压力作适当调整，使压力正常。

⑤ 在更换电刷过程中，不许用锐利金属工具顶住电刷增加接触效果，即使是短时间也不允许，以免造成集电环面损坏或人身事故。

水轮发电机组在运行中要做好以下工作：

1）定期切换压油装置的油泵和进水口闸门工作油泵。

2）定期为调速器各连杆关节注油，切换滤油器或更换滤纸。

3）定期测量发电机、水轮机主轴摆度，定期测量机组轴电压、轴电流。

4）定期为水轮机轴承加油（根据轴承用油情况而定）。

5）压油槽定期根据油位给压油槽充气。

6）新机组停运超过 24h，运行 3 个月到 1 年的机组停运 72h，运行 1 年以上的机组停运10 天，应手动开机或顶转子一次，防止推力瓦油膜破坏。

2. 发电机氢系统的检查与维护

（1）氢气压力的监视与调节　发电机运行时，应随时监视机壳内的氢气压力。即使密封油系统很完善，无泄漏现象，但由于密封油会吸收氢气，机壳内的氢气压力也会逐步下降，故应定时补氢，保持机壳内氢压正常。补氢时，应观察、比较不同部位的氢压，正确判断机壳内的氢气压力，防止因表计的假指示而误判断。

（2）定期检查氢气的纯度、湿度和温度　运行值班人员应根据气体分析仪检查机壳内氢气纯度，并每小时记录一次。当氢气纯度低于 96% 时，应进行排污，并向机内补充纯净氢气，以保持机内氢气纯度。化验人员应定期化验机壳内的氢气湿度，当湿度超过 $15g/m^3$ 时，应排污并补入纯净氢气或适当升高冷氢温度，注意观察并降低氢源湿度，防止发电机绕组受潮。发电机运行时，规定了机内冷氢温度的最高值和最低值，可通过调节氢气冷却器的冷却水调节冷氢温度。

3. 发电机冷却水系统的检查与维护

发电机运行时，氢气压力应高于定子绕组冷却水压力，这是为了防止定子线棒爆管漏水。当氢、水压力低于报警值时，应调节氢、水压力；当密封油系统故障，只能维持氢压运行时，必须保持最低水压；若水压大于氢压，只允许短时运行，但不允许长期运行。

发电机运行时，定子冷却水箱内的水质应合格，水箱内应保持一定的氮压（或氢压）。当水质不合格时，应投入离子交换器运行。水箱内维持一定的氮压，可防止水质污染。

发电机运行时，应检查定子入口冷水温度是否正常，冷却水回路及定子绕组各水支路是否通畅。故运行中应注意定子水冷却器的运行，水回路各段水压降应正常，定子绕组各水支路的水温度平均温度偏差不得超过规定值。若某出水支路水温超过规定值，应立即采取措施，如调整负荷、检查冷却水流量、降低进水温度，并应尽快查明原因予以处理，必要时应停机。

4. 发电机励磁系统的检查与维护

（1）盘面检查　检查励磁控制盘面各表计指示应正常，各控制开关位置正确，信号指示与工作方式一致。AVR 处于自动方式时，应重点监视 AVR 直流回路跟踪情况及电压波动时 AVR 的自动调节功能。AVR 无论处于何种运行方式，励磁方式切换开关不允许置于断开位置。

（2）现场检查

1）检查 100Hz 整流柜。整流柜各运行指示灯指示正常；各整流柜冷却风扇电动机运行正常，无异常及焦臭味，风扇电动机的运行电源符合预先规定；各表计指示正常，各整流柜电流指示值应接近，电流差值不超过规定值；各整流元件、熔断器及载流接头无过热，整流元件故障指示灯应不亮，熔断器无熔断；对于使用冷却水的整流柜，其阀门、接头及管路应无渗漏水，冷却器水压正常。

2）检查 AVR。AVR 的调节柜、功率柜、辅助柜内各元器件无过热、无焦味现象；功率柜冷却风扇电动机运转正常；保护信号继电器无吊牌指示；各表计指示正常，功率元器件的电流分配应接近平衡（两组整流桥的正、负电流都相接近）。

3）检查 50Hz 手动励磁装置应正常。

4）检查主、副励磁机运转正常。对无刷励磁机，用频闪灯检查每个熔断器，以确定旋转硅整流盘中无零件发生故障。

5. 备用机组的维护

备用中的发电机及其全部附属设备，应按运行机组的有关规定进行定期检查和维护，经常确认处于完好状态，保证随时能够起动。

任务二　变压器的正常运行及巡视检查

一、变压器的允许运行方式

变压器应根据制造厂规定的铭牌额定数据运行。在额定条件下，变压器按额定容量运行，在非额定条件下或非额定容量下运行时，应遵守变压器运行的有关规定。

（一）允许温度和温升

1. 允许温度

变压器运行时会产生铜损和铁损，这些损耗全部转变为热量，使变压器的铁心和绕组发热，温度升高。变压器温度对其运行有很大的影响，最主要的是影响变压器绝缘材料的绝缘强度。变压器中所使用的绝缘材料，长期在高温作用下，会逐渐降低原有的绝缘性能，这种绝缘在温度作用下逐渐降低的变化，称为绝缘的老化。温度越高，绝缘老化越快，最终会导致变脆而破裂，使得绕组失去绝缘层的保护。根据运行经验和专门研究，当变压器绝缘材料的工作温度超过允许值长期运行时，每升高 6℃，其使用寿命减少一半，这就是变压器运行

6℃规则。另外，即使变压器的绝缘材料没有损坏，但温度越高，绝缘材料的绝缘强度就越差，很容易被高电压击穿导致故障。因此，对于运行中的变压器，其运行温度不允许超过绝缘材料所允许的最高温度。

电力变压器大都是油浸式变压器。油浸式变压器在运行中各部分的温度是不同的。绕组的温度最高，铁心的温度次之，绝缘油的温度最低，且上层油温高于下层油温。因此对于运行中的变压器，通常是通过监视变压器上层油温来控制变压器绕组最热点的工作温度，使绕组运行温度不超过其绝缘材料的允许温度值，以保证变压器绝缘材料的使用寿命。

变压器绝缘材料的耐热温度与绝缘材料的强度等级有关，如 A 级绝缘材料的耐热温度为 105℃；B 级绝缘材料的耐热温度为 130℃。一般油浸式变压器多采用 A 级绝缘材料。为使变压器绕组的最高运行温度不超过绝缘材料的耐热温度，规程规定，当最高环境空气温度为 40℃时，采用 A 级绝缘材料的变压器（简称 A 级绝缘变压器）上层油温允许值见表 3-3。

由于 A 级绝缘变压器绕组的最高允许温度为 105℃，绕组的平均温度约比油温高 10℃，故油浸自冷或风冷变压器上层油温的最高允许温度为 95℃。考虑到油温对油的劣化影响（油温每增加 10℃，油的氧化速度增加 1 倍），故上层油温的允许值一般不超过 85℃。

对于强迫油循环风冷或水冷变压器，由于油的冷却效果好，使上层油温和绕组的最热点温度降低，但绕组平均温度与上层油温的温差较大（一般绕组的平均温度比上层油温高 20～30℃），故强迫油循环风冷变压器的上层油温一般为 75℃，最高不超过 85℃，强迫油循环水冷变压器的上层油温最高不超过 70℃。

表 3-3　（油浸式）A 级绝缘变压器上层油温允许值

冷 却 方 式	冷却介质最高温度/℃	长期运行上层油温/℃	上层油温/℃
自然循环冷却、风冷	40	85	95
强迫油循环风冷	40	75	85
强迫油循环水冷	40		70

为了监视和保证变压器不过热运行，变压器装有温度继电器和就地温度计。温度计用于就地监视变压器的上层油温。温度继电器的作用是：当变压器上层油温超出允许值时，发出报警信号；根据上层油温的变化范围，自动地起、停辅助冷却器；当变压器冷却器全停，上层油温超过允许值时，延时将变压器从系统中切除。

2. 允许温升

变压器上层油温与周围环境温度的差值称为温升。温升的极限值称为允许温升。对于 A 级绝缘的油浸式变压器，周围环境温度为 40℃时，上层油的允许温升值规定如下：

1）油浸自冷或风冷变压器。在额定负荷下，上层油温升不超过 55℃。

2）强迫油循环风冷变压器。在额定负荷下，上层油温升不超过 45℃。

3）强迫油循环水冷变压器。在额定负荷下，水冷却介质最高温度为 30℃时，上层油温升不超过 40℃。

干式自冷变压器的允许温升按绝缘等级确定，见表 3-4。

表 3-4 干式自冷变压器的允许温升

变压器的部位		允许温升/℃	测 量 方 法
绕 组	A 级绝缘	60	电阻法
	E 级绝缘	75	
	B 级绝缘	80	
	F 级绝缘	100	
	H 级绝缘	125	
铁心及结构零件表面		最大不超过所接触的绝缘材料的允许温度	温度计法

运行中的变压器，不仅要监视上层油温，而且还要监视上层油的温升。这是因为当周围环境温度较低时，变压器外壳的散热能力将大大提高，使外壳温度降低较多，变压器上层油温不会超过允许值，但变压器内部的散热能力不与周围环境温度的变化成正比，周围环境温度虽降低很多，但其内部散热能力却提高很少，变压器绕组的温度可能超过允许值。所以，在周围环境温度较低的情况下，变压器大负荷或超负荷运行时，上层油温虽未超过允许值，但上层油温升可能已超过允许值，这样运行是不允许的。如一台油浸自冷变压器，周围空气温度为 20℃，上层油温为 75℃，则上层油的温升为 75℃ – 20℃ = 55℃，未超过允许值 55℃，且上层油温也未超过允许值 85℃，这台变压器运行是正常的。如果这台变压器周围空气温度为 0℃，上层油温为 60℃（未超过允许值 85℃），但上层油的温升为 60℃ – 0℃ = 60℃ > 55℃，则应迅速采取措施，使温升降低到允许值 55℃ 以下。

由上述分析可知，为便于检查和正确反映变压器绕组的温度，不但要规定变压器上层油温度的允许值，还应规定变压器上层油的温升，这样不管周围环境温度如何变化，只要上层油温度及上层油温升不超过允许值，就能保证变压器绕组温度不超过允许值，能保证变压器规定的使用寿命。

（二）外加电源电压的允许变化范围

不论升压变压器或降压变压器，其外加电源电压应尽量按变压器的额定电压运行（升压变压器和降压变压器都规定了相应的额定电压，运行时由调节分接头来实现）。由于电力系统运行方式的改变、系统负荷的变化、系统事故等因素的影响，变压器外加电源电压往往是变动的，不能稳定在变压器的额定电压下运行。当外加电源电压低于变压器所用分接头额定电压时，对变压器的运行无任何危害；若高于变压器的所用分接头额定电压较多时，则对变压器的运行有不良影响。这是因为当外加电源电压增高时，变压器的励磁电流增加，磁通密度增大，使变压器铁损增加，使铁心温度升高。而由于励磁电流增大，变压器无功消耗加大，会使变压器的出力降低。并且由于励磁电流的增大，磁通密度增大，会使铁心过度饱和，引起二次绕组相电动势波形发生畸变，相电动势由正弦波变为尖顶波，这对变压器的绝缘有一定的危害，尤其对 110kV 及以上变压器的匝间绝缘危害最大。为此，变压器运行规程对变压器外加电源电压变化范围作了如下规定：

1）变压器外加电源电压可略高于变压器的额定值，但一般不超过所用分接头电压的 5%，不论变压器分接头在何位置，如果所加电压不超过相应额定值的 5%，则变压器二次绕组可带额定电流运行。

2）特殊情况根据变压器的结构特点，经试验可在 1.1 倍额定电压下长期运行。

（三）变压器允许的过负荷

变压器的过负荷是指变压器运行时，传输的功率超过变压器的额定容量。运行中的变压器有时可能过负荷运行。过负荷有两种，即正常过负荷和事故过负荷。正常过负荷可经常使用，而事故过负荷只允许在事故情况下使用。

1. 正常过负荷

正常过负荷是指在系统正常的情况下，以不损害变压器绕组绝缘和使用寿命为前提的过负荷。随着外界因素的变化（如负荷的增加或系统电压的降低等），正常过负荷每天都可能发生，特别是在高峰负荷时段，出现过负荷的可能性较大。

变压器允许正常过负荷运行的依据是变压器绝缘等效老化原则，即变压器在一段时间内正常过负荷运行，其绝缘寿命损失大，在另一段时间内低负荷运行，其绝缘寿命损失小，两者绝缘寿命损失互补，保持变压器正常使用寿命不变。如在一昼夜内，变压器有高峰负荷时段和低谷负荷时段。高峰负荷期间，变压器过负荷运行，绕组绝缘温度高，绝缘寿命损失大；而低谷负荷期间，变压器低负荷运行，绕组绝缘温度降低，绝缘寿命损失小，因此两者之间绝缘寿命损失互相补偿。同理，在夏季，变压器一般为低负荷运行，冬季为过负荷运行，两者的绝缘寿命损失互为补偿。因此，上述过负荷运行的变压器总的使用寿命无明显变化，故可以正常过负荷运行。

正常过负荷的允许值及对应的过负荷允许运行时间应根据变压器的负荷曲线、冷却介质温度及过负荷前变压器所带的负荷来确定（正常过负荷曲线示例见图 3-3、图 3-4），或按表 3-5 确定。干式变压器的正常过负荷应遵照制造厂的规定。

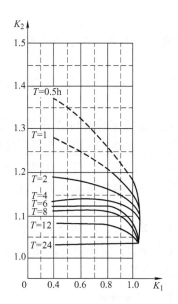

图 3-3　120MV·A 及以上强迫油循环
变压器的正常过负荷曲线
K_1—起始负荷倍数　K_2—过负荷倍数
注：年等效环境温度为 15℃。

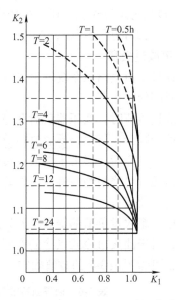

图 3-4　油自然循环变压器的正常过负荷曲线
K_1—起始负荷倍数　K_2—过负荷倍数
注：年等效环境温度为 15℃。

表 3-5　油浸自冷或风冷变压器正常过负荷倍数及允许持续时间

过负荷倍数	过负荷前上层油温升/℃						
	18	24	30	36	42	48	50
	允许连续运行						
1.05	5：50	5：25	4：50	4：00	3：00	1：00	—
1.10	3：50	3：25	2：50	2：10	1：25	0：10	—
1.15	2：50	2：25	1：50	1：20	0：35	—	—
1.20	2：05	1：40	1：10	0：45	—	—	—
1.25	1：35	1：15	0：50	0：25	—	—	—
1.30	1：10	0：50	0：30	—	—	—	—
1.35	0：55	0：35	0：15	—	—	—	—
1.40	0：40	0：25	—	—	—	—	—
1.45	0：25	0：10	—	—	—	—	—
1.50	0：15	—	—	—	—	—	—

注：表中数据，冒号左侧为小时数（单位为 h），冒号右侧为分钟数（单位为 min），如"5：50"表示 5h50min。

变压器正常过负荷的注意事项如下：

1）存在较大缺陷的变压器，如冷却系统不正常、严重漏油、色谱分析异常等，不准过负荷运行。

2）全天满负荷运行的变压器不宜过负荷运行。

3）变压器在过负荷运行前，应投入全部冷却器。

4）过负荷运行时应密切监视变压器上层油温。

5）对有载调压变压器，在过负荷程度较高时应尽量避免用有载调压装置调节分接头。

2. 事故过负荷

事故过负荷是指在系统发生事故时，为保证用户的供电和不限制发电厂的出力，允许变压器短时间的过负荷。

事故过负荷时，变压器负荷和绝缘温度均会超过允许值，绝缘老化速度将比正常加快，使用寿命会减少。所以，事故过负荷是以保证用户不中断供电为前提，以牺牲变压器使用寿命为代价的过负荷。但由于事故过负荷的几率低，平常又多在欠负荷下运行，故短时间的事故过负荷运行对绕组绝缘寿命无显著影响，因此，在电力系统发生事故的情况下，允许变压器事故过负荷运行。

变压器事故过负荷的倍数及允许运行时间应按制造厂的规定执行。如果没有制造厂规定的资料，对于油浸自冷或风冷的变压器，可参照表 3-6 的数值确定；对于强迫油循环冷却的变压器，可参照表 3-7 的数值确定。干式变压器事故过负荷能力见表 3-8。

表 3-6　油浸自冷或风冷变压器事故过负荷倍数及允许运行时间

过负荷倍数	环境温度/℃				
	0	10	20	30	40
1.1	24：00	24：00	24：00	19：00	7：00
1.2	24：00	24：00	13：00	5：50	2：45
1.3	23：00	10：00	5：30	3：00	1：30

（续）

过负荷倍数	环境温度/℃				
	0	10	20	30	40
1.4	8：30	5：10	3：10	1：45	0：55
1.5	4：45	3：10	2：00	1：10	0：35
1.6	3：00	2：05	1：20	0：45	0：18
1.7	2：05	1：25	0：50	0：25	0：09
1.8	1：30	1：00	0：30	0：13	0：06
1.9	1：00	0：35	0：18	0：09	0：05
2.0	0：40	0：22	0：11	0：06	—

注：表中数据，冒号左侧为小时数（单位为 h），冒号右侧为分钟数（单位为 min），如"5：50"表示5h50min。

表 3-7　强迫油循环冷却变压器事故过负荷倍数及允许运行时间

过负荷倍数	环境温度/℃				
	0	10	20	30	40
1.1	24：00	24：00	24：00	14：30	5：10
1.2	24：00	21：00	8：00	3：30	1：35
1.3	11：00	5：00	2：45	1：30	0：45
1.4	3：40	2：10	1：20	0：45	0：15
1.5	1：50	1：00	0：40	0：16	0：07
1.6	1：00	0：35	0：16	0：08	0：05
1.7	0：30	0：15	0：09	0：05	—

注：1. 表中数据，冒号左侧为小时数（单位为 h），冒号右侧为分钟数（单位为 min），如"5：50"表示5h50min。
　　2. 事故过负荷时，备用冷却器应投入。

表 3-8　干式变压器事故过负荷倍数及允许运行时间

过负荷电流/额定电流	1.2	1.3	1.4	1.5	1.6
过负荷持续时间/min	60	45	32	18	5

（四）冷却装置的运行方式

变压器运行时，绕组和铁心产生的热量先传给油，然后通过油传给冷却介质。为了提高变压器出力，保证变压器正常运行，保证变压器使用寿命，必须加强变压器的冷却。变压器的冷却方式，按其容量大小，有如下几种类型：

（1）油浸自冷　油浸自冷是指变压器油在油箱内自然循环，将变压器绕组和铁心的热量传递给油箱壁及散热管，然后依靠空气自然流动将油箱壁及散热管的热量散发到大气中。如图 3-5a 所示，变压器运行时，绕组和铁心由于电能损耗产生的热量使油的温度升高，体积膨胀，密度减小，油自然向上流动，上层热油流经散热管、油箱壁冷却后，因密度增大而下降，于是形成了油在油箱和散热管间的自然循环流动，热油通过油箱壁和散热管散热而得到冷却。容量在 7500kV·A 及以下的变压器一般采用油浸自冷冷却方式。

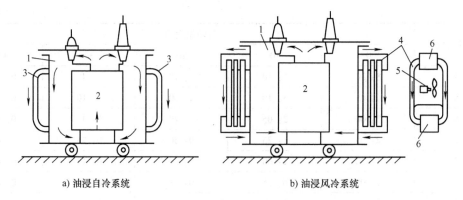

a) 油浸自冷系统　　　　　b) 油浸风冷系统

图 3-5　油浸自冷系统示意图

1—油箱　2—铁心与绕组　3—散热管　4—散热器　5—冷却风扇　6—联箱

（2）油浸风冷　如图 3-5b 所示，油浸风冷即在油浸自冷的基础上，在散热器上加装了风扇，风扇将周围的空气吹向散热器，加强散热器表面冷却，从而加速散热器中油的冷却，使变压器油温度迅速降低，提高了变压器绕组及铁心的冷却效果。容量在10000kV·A 以上的较大型变压器一般采用油浸风冷冷却方式。

（3）强迫油循环冷却　大容量变压器仅靠加强散热器表面冷却是远远不够的，因为表面冷却只能降低油的温度，当油温降到一定程度时，油的黏度增加，以致油的流速降低，达不到所需的冷却效果。为此，大容量变压器采用强迫油循环冷却，利用潜油泵加快油的循环流动，使变压器器身得到较好的冷却效果。根据变压器冷却器冷却方式的不同，强迫油循环的冷却分为强迫油循环风冷和强迫油循环水冷两种方式。

1）强迫油循环风冷。强迫油循环风冷即在油浸风冷的基础上加装了潜油泵，利用潜油泵加强油在油箱和散热器之间的循环，使变压器得到更好的冷却效果。如图 3-6 所示，强迫油循环风冷的冷却过程是：

油箱上层的热油在潜油泵作用下抽出→经上蝴蝶阀 2→进入上集油室 4→经散热器 5 冷却→冷油进入下集油室 8→经过滤油器 9→潜油泵 10→流经流动继电器 11→冷油经下蝴蝶阀 12 进入油箱 1 的底部→冷油对器身进行冷却，变成热油上升到油箱上层。如此不断循环，使绕组、铁心得到冷却。

2）强迫油循环水冷。如图 3-7 所示，变压器

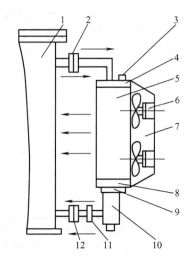

图 3-6　强迫油循环风冷装置示意图

1—油箱　2—上蝴蝶阀　3—排气塞
4—上集油室　5—散热器　6—风扇
7—导风筒　8—下集油室　9—滤油器
10—潜油泵　11—流动继电器　12—下蝴蝶阀

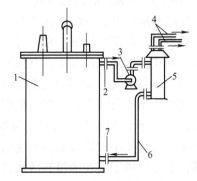

图 3-7　强迫油循环水冷的工作原理

1—油箱　2—上蝴蝶阀　3—潜油泵　4—冷却水管道
5—冷油器　6—油管道　7—下蝴蝶阀

的油箱上不装散热器，油箱外加装了一套由潜油泵、滤油器、冷油器、油管道等组成的油系统，油系统与油箱由油管道和阀门相连。

强迫油循环水冷冷却过程是：变压器油箱的上层热油由潜油泵抽出，经冷油器冷却后，再进入变压器油箱的底部，冷油对器身冷却后上升至油箱上层，如此反复循环，使变压器的绕组和铁心得到冷却。

在冷油器中，冷却水（最高水温不超过30℃）从冷却水管道内流过，管外流过热油，冷却水将油的热量带走，使热油得到冷却。

（4）强迫油循环导向冷却　"导向"是指经过变压器外部冷却器冷却后的冷油，由潜油泵送回变压器油箱后，在变压器油箱内是按给定的路径流动的。如图 3-8 所示，变压器器身底部夹件两侧各装有一根与外部冷却管道相通的钢管，冷油由此流入，再由钢管分几路穿过绕组下面的支持平面，向上流经铁心内的冷却油道及绕组内的油道，使冷油与发热部件充分接触，更有效地带走热量，提高铁心和绕组的冷却效果。巨型变压器常采用强迫油循环导向冷却方式。

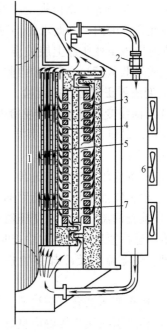

图 3-8　强迫油循环导向冷却示意图
1—铁心　2—潜油泵　3—高压绕组　4—中压绕组
5—调压部分绕组　6—导风筒　7—低压绕组

除上述几种常见的冷却方式外，变压器还有油浸箱外水冷、蒸发冷却、水内冷等冷却方式，读者可查阅相关资料自行学习，这里不再介绍。

二、变压器运行中的巡视检查

（一）变压器的正常运行

变压器的正常运行包括以下几个方面：

（1）变压器完好　变压器完好体现在以下几个方面：本体完好，无任何缺陷；辅助设备（如冷却装置、调压装置、套管、气体继电器、储油柜、压力释放器、吸湿器、净油器等）完好无损，其状态符合变压器运行要求；变压器的各种电气性能符合规定，变压器油的各项指标符合标准，变压器运行时的油位、油色正常，运行声音正常。

（2）变压器的运行参数满足要求　变压器运行时的电压、电流、容量、温度及温升等满足要求；冷却装置工作电压、控制回路工作电压也满足要求。

（3）变压器的各类保护处于正常运行状态　即储油柜、吸湿器、净油器、压力释放器、气体继电器及其他继电保护等均处于正常运行状态。

（4）变压器运行环境符合要求　运行环境要求包括：变压铁心及外壳接地良好；各连接头紧固；各侧避雷器工作正常；变压器周围无易燃、易爆及其他杂物，消防设施齐全。

（二）变压器正常运行的巡视检查与维护

1. 变压器正常运行的监视

变压器正常运行时，运行值班人员应根据控制盘上的仪表（有功表、无功表、电流表、电压表、温度表等）来监视变压器的运行情况，使负荷电流不超过额定值，电压不得过高，温度在允许范围内，并要求每小时记录一次表计指示值。对无温度遥测装置的变压器，在巡视检查时应抄录变压器上层油温。若变压器过负荷运行，除应积极采取措施外（如改变运行方式或降低负荷），还应加强监视，并在运行记录中记录过负荷情况。

2. 变压器正常运行的巡检

（1）油浸变压器正常巡视检查项目　运行值班人员应定期对变压器及其附属设备进行全面检查，每班至少一次（发电厂的低压厂变每天检查一次，每周进行一次夜间检查），检查项目如下：

1）检查变压器声音应正常。

2）检查储油柜和充油套管的油位、油色应正常，各部位无渗漏油现象。

3）检查油温应正常。变压器冷却方式不同，其上层油温也不同，但上层油温不应超过规定值。运行值班人员巡视检查时，除应注意上层油温不超过规定值外，还应根据当时的负荷情况、环境温度及冷却装置投入情况，与以往数据进行比较，以判明引起温度升高的原因。

4）检查变压器套管应清洁、无破损、无裂纹和放电痕迹。

5）检查引线接头接触应良好。各引线接头应无变色、无过热、发红现象，接头接触处的示温蜡片应无熔化现象。用快速红外线测温仪测试，接触处的温度不得超过70℃。

6）检查吸湿器应完好、畅通，硅胶无变色；油封吸湿器的油位应正常。

7）检查防爆门隔膜应完好，无裂纹。

8）检查冷却器运行正常。冷却器组数按规定启用，分布应合理，油泵和风扇电动机无异常声音和明显振动，温度正常，风向和油的流向正确，冷却器的油流继电器应指示在"流动位置"，各冷却器的阀门应全部开启，强迫油循环风冷或水冷装置的油和水的压力、流量应符合规定，冷油器出水中不应有油。

9）检查气体继电器。气体继电器内应充满油，无气体存在。继电器与储油柜间的连接阀门应打开。

10）检查变压器铁心接地线和外壳接地线。接地线应无断线，接地良好；用钳形电流表测量铁心接地线的电流值，应不大于0.5A。

11）检查调压分接头位置，指示应正确，各调压分接头的位置应一致。

12）检查电控箱和机构箱。箱内各种电器装置应完好，位置和状态正确，箱壳密封良好。

（2）油浸变压器特殊巡视检查项目　当系统发生短路故障或天气突然发生变化（如大风、大雨、大雪及气温骤冷骤热等）时，运行值班人员应对变压器及其附属设备进行重点检查。

1）变压器或系统发生短路后的检查。检查变压器有无爆裂、移位、变形、焦味、烧伤、闪络及喷油，油色是否变黑，油温是否正常，电气连接部分有无发热、熔断，瓷质外绝缘有无破裂，接地引下线有无烧断。

2）大风、雷雨、冰雹后的检查。检查引线摆动情况及有无断股，引线和变压器上有无搭挂落物，瓷套管有无放电闪络痕迹及破裂现象。

3）浓雾、小雨、下雪时的检查。检查瓷套管有无沿表面放电闪络，各引线接头发热部位在小雨中或落雪后应无水蒸气上升或落雪融化现象；导电部分应无冰柱，若有，应及时清除。

4）气温骤变时的检查。气温骤冷或骤热时，应检查储油柜油位和瓷套管油位是否正常，油温和温升是否正常，各侧连接引线有无变形、断股或接头发热发红等现象。

5）过负荷运行时的检查。检查并记录负荷电流，检查油温和油位的变化，检查变压器的声音是否正常，检查接头发热是否正常，示温蜡片是否有熔化现象，检查冷却器投入数量是否足够且运行正常，检查防爆膜、压力释放器应未动作。

6）新投入或经大修的变压器投入运行后的检查。在 4h 内，应每小时巡视检查一次，除了正常巡视项目外，应增加检查内容：①变压器声音是否正常，如发现响声特大、不均匀或有放电声，则可认为内部有故障；②油位变化是否正常，随温度的提高应略有上升；③用手触及每一组冷却器，温度应正常，以证实冷却器的有关阀门已打开。④油温变化是否正常，变压器带负荷后，油温应缓慢上升。

（3）干式变压器巡视检查项目　干式变压器以空气为冷却介质，整个器身均封闭在固体绝缘材料之中，没有火灾和爆炸的危险。运行巡视时应检查下列项目：

1）高、低压侧接头无过热，出线电缆头无漏油、渗油现象。

2）绕组的温升，根据变压器采用的绝缘等级，其温升不超过规定值。

3）变压器运行时的声音正常、无异味。

4）瓷绝缘子无裂纹、无放电痕迹。

5）变压器室内通风良好，室温正常，室内屋顶无渗、漏水现象。

（4）变压器分接开关的运行维护　应按要求对变压器的无载分接开关和有载分接开关进行维护。

无载分接开关的维护：无载分接开关变换分接头时，变压器必须停电，做好安全措施后，在运行值班人员的配合下，由检修人员进行。在切换分接开关触头时，一般将分接开关沿正、反方向各转动 5 圈，以消除触头上的氧化膜和油污，使触头接触良好。分接头切换完毕，应检查分接头位置是否正确，检查是否在锁紧位置。同时，还应测量绕组挡位的直流电阻是否合格，并作好分接头变换记录。之后，方可拆除安全措施，进行送电操作。

有载分接开关的维护：有载分接开关的运行维护，应按制造厂的规定进行，若无制造厂规定，可参照下列执行。

1）有载调压时应遵守下列规定：

① 对有载分接开关进行切换调节时，应注意分接开关位置指示、变压器电流和母线电压变化情况，并做好记录。

② 有载调压时应逐级调压，有载分接开关原则上每次只操作一挡，隔 1min 后再进行下一挡的调节。严禁分接开关在变压器严重过负荷（超过 1.5 倍额定电流）的情况下进行切换。

③ 单相变压器组和三相变压器分相安装的有载分接开关，应三相同步电动操作，一般不允许分相操作。

④ 两台有载调压变压器并联运行时，其调压操作应轮流逐级进行。

⑤ 有载调压变压器与无激调压变压器并联运行时，有载调压变压器的分接位置应尽量

靠近无激变压器的分接位置。

2）电动操动机构应经常保持良好状态。分接开关的电动控制应正确无误，电源可靠；各接线端子接触良好，驱动电动机运转正常，转向正确；控制盘上的电动操作按钮和分节开关、控制箱上的按钮应完好；电源和行程指示灯应完好；极限位置的电气闭锁应可靠；大修（或新装）后的有载分接开关，应在变压器空载下，用电动操作按钮至少操作一个循环（升-降），观察各项指示应正确，极限位置电气闭锁应可靠，之后再调至调度要求的分接头挡位带负荷运行，并加强监视。

3）有载分接开关的切换箱应严格密封，不得渗漏。如发现其油位升高、异常或满油位，说明变压器与有载分接开关切换箱窜油。应保持变压器油位高于分接开关切换箱的油位，防止分接开关切换箱的油渗入变压器本体内，影响其绝缘油质，如有此情况，应及时停电处理。

4）有载分接开关箱内绝缘油的试验与更换。每运行 6 个月取油样进行工频耐压试验一次，其油耐压值不低于 30kV/2.5min；当油耐压在 25～35kV/2.5min 之间时，应停止使用自动调压装置；若油耐压低于 25kV/2.5min 时，应禁止调压操作，并及时安排换油；当运行 1～2 年或切换操作达 5000 次后，应换油，且切换的触头部分应吊出检查。

5）有载分接开关装有瓦斯保护及防爆装置，重瓦斯动作于跳闸，轻瓦斯动作于信号，当保护装置动作时，应查明原因。

（5）强迫油循环风扇冷却装置的运行维护　冷却装置运行时，应检查冷却器进、出油管的蝶阀在开启位置；散热器进风通畅，入口干净无杂物；检查潜油泵转向正确，运行中无杂音和明显振动；风扇电动机转向正确，风扇叶片无擦壳；冷却器控制箱内分路电源低压断路器闭合良好，无振动及异常响声；检查冷却系统总控制箱正常；冷却器无渗、漏油现象。

（6）胶袋密封储油柜的维护　为了减缓变压器油的氧化，在储油柜的油面上放置一个隔膜或胶囊（又称胶袋），胶囊的上口与大气相通，而使储油柜的油面与大气完全隔离，胶囊的体积随油温的变化增大或减小。该储油柜的运行维护工作主要有下述两方面：

1）在储油柜加油时，应注意尽量将胶囊外面与储油柜内壁间的空气排尽；否则，会造成假油位及气体继电器动作，故应全密封加油。

2）储油柜加油时，应注意油量及进油速度要适当，防止油速太快，油量过多时，可能造成防爆管喷油，释压器发信号或喷油。

（7）净油器的运行维护　在变压器箱壳的上部和下部，各有一个法兰接口，在此两法兰接口之间装有一个盛满硅胶或活性氧化铝的金属桶（硅胶用于清除油中的潮气、沉渣、油和绝缘材料的氧化物及油运行中产生的游离酸）。其维护工作主要有：变压器运行时，检查净油器上、下阀门在开启位置，保持油在其间的通畅流动。净油器内的硅胶使用较长时间后应进行更换，换上合格的硅胶（硅胶应干燥去潮、颗粒大小在 3～3.5mm，硅胶用筛子筛净微粒和灰尘）。净油器投入运行时，先打开下部阀门，使油充满净油器，并打开净油器上部排气小阀，使其内空气排出，当小阀门溢油时，即可关闭小阀门，然后打开净油器上阀门。

任务三 其他设备的正常运行及巡视检查

一、电动机的正常运行和巡视检查

（一）电动机的允许运行方式

1. 电动机的允许温度和温升

电动机在运行中产生的各种能量损耗（铜损、铁损、机械损耗等）都转化为热量，引起电动机绕组、铁心和轴承等温度的升高。若电动机绝缘材料的运行温度超过了规定值，将使电动机的使用寿命因绝缘材料的迅速老化而减少，因此，规定了电动机运行的最高允许温度。最高允许温度由电动机使用的绝缘材料等级和温度测量方法来决定。

考虑电动机的绝缘寿命，电动机还规定了最高允许温升。电动机的允许温升是指在一定环境温度下（一般规定为35℃或40℃），电动机温度与周围环境温度的差值。即

$$\theta = t - t_n \tag{3-4}$$

式中 θ——允许温升，℃；

t_n——环境温度，℃。

电动机的允许温升由其所使用的绝缘材料来决定，不同绝缘等级的绝缘材料有不同的允许温升。常用的绝缘材料等级有 A、E、B、F 级，对应的耐热极限温度分别为105℃、120℃、130℃及155℃，如规定环境温度为35℃，一般还留有5℃的裕度（测出的温升为绕组的平均温升，而绕组的最高温升要比平均温升高，故留有5℃温升裕度），故上述绝缘等级绝缘材料的允许温升分别为65℃、80℃、90℃及115℃。

不同绝缘等级电动机的最高允许温度和温升见表3-9。

表3-9 不同绝缘等级电动机的最高允许温度和温升

电动机各部件名称	各绝缘等级的允许温度和温升/℃										测定方法
	A 级		E 级		B 级		F 级		H 级		
	t	θ_n	t	θ_n	t	θ_n	t	θ_n	t	θ_n	
定子绕组	105	70	120	85	130	95	155	120	180	145	电阻法
转子绕组	105	70	120	85	130	95	155	120	180	145	
定子铁心	105	70	120	85	130	95	155	120	180	145	
集电环	$t = 105℃$ $\theta = 70℃$										温度计法
滚动轴承	$t = 100℃$ $\theta = 65℃$										
滑动轴承	$t = 80℃$ $\theta = 45℃$										

注：环境冷却空气温度为35℃，表中 t 为最高允许温度，θ_n 为最高允许温升。

电动机运行时，环境空气温度的高低对其各部分的温度有很大影响。所以，运行中的电动机，还应考虑周围空气温度变化时，其负荷应控制在相应的范围内。表3-10 为 A 级绝缘的电动机，当周围空气温度变化时，允许负荷变化的百分数（对额定负荷而言）。

表 3-10　周围空气温度变化时 A 级绝缘的电动机允许负荷变化的范围

周围空气温度/℃	允许负荷变化百分数（%）	周围空气温度/℃	允许负荷变化百分数（%）
25 及以下	+10	40	−5
30	+5	45	−10
35	额定负荷	50	−15

由表 3-10 可知，当周围空气温度的额定值为 35℃时，电动机可以在电源电压、频率正常的情况下带额定负荷长期运行。当周围空气温度高于额定值时，电动机的出力应相应降低；当周围空气温度低于额定值时，其出力允许升高，但不能超过额定负荷的 10%。对于大容量的高压电动机，如采用空气冷却器时，其入口温度不得低于 5℃，入口冷却水量以不使空气冷却器出现凝结水珠为标准，以防止电动机定子绕组端部绝缘材料变脆。

2. 电动机电源电压、频率的允许变化范围

（1）电源电压的允许变化范围　电动机的电磁转矩与外加电源电压的二次方成正比，因此，外加电源电压的变化直接影响电动机的运行工况。当电机机起动时，若电压太低，起动转矩小，会使电动机的起动时间长，甚至不能起动；对运行中的电动机，若运行电压下降，电动机转矩变小，由于机械负荷不变，电动机转速下降，会引起电动机定子电流增大，使电动机发热增大，严重时会烧坏定子绕组：若电压大幅度下降，还可能造成电动机停转和烧坏定子绕组。

与上述相反，电源电压稍高于电动机的额定电压，对电动机运行无大的影响，但电源电压过高，因磁路高度饱和，励磁电流急剧上升，将使铁心严重发热，也会对电动机的绝缘造成危害。

此外，三相电源电压不平衡，会引起电动机三相电流不平衡，这将导致电动机温升增加和电磁转矩减小（因为负序电流产生的负序磁场对电动机转子产生了制动作用，电动机从电网得到的一部分功率变成了损耗，形成额外发热），同时，三相电压不平衡还会产生振动和噪声。

基于上述原因，对电动机电源电压的变化范围有如下规定：

1）电动机电源电压在额定值的 −5% ~ 10% 范围内变化时，其额定出力不变。当电源电压提高 10% 时，电动机的电流应减小 10%。

2）电动机额定运行，三相电源电压的不平衡度（任一相电压与三相电压平均值之差，与三相电压平均值之比的百分数）不超过 5%，或相间电压不平衡不超过额定值的 5%。

3）三相电压不平衡引起的三相不平衡电流不超过额定电流的 10%，且任一相电流不超过额定值。

（2）频率的允许变化范围　电源频率发生变化也影响电动机的运行工况。当电源电压为额定值时，电源频率降低对电动机的运行会产生如下影响：

1）影响电动机的出力。由电动机的电动势公式 $E = 4.44Kf_1W\Phi_m$（式中 W、K 为常数）可知 $E \propto f_1\Phi_m$。由于 $E \approx U$ 保持不变，则当电源频率 f_1 下降时，磁通 Φ_m 将增加。Φ_m 的增加使定子励磁电流增加，电动机的无功消耗增加，则电动机的功率因数降低，故电动机出力降低。另外，由于电动机的异步转速 $n = (1-s)60f_1/p$，当电源频率 f_1 下降时使转速 n 下降，电动机机械负载的出力一般与转速有关（如火电厂的给水泵、风扇电动机等），若负载转矩不变，则电动机的输出功率将因转速 n 的降低而明显降低。

2）降低电动机的散热效果。当电源频率降低时，电动机的转速降低，电动机风扇的风量减小，影响电动机的散热效果，从而使电动机的温度上升。

基于上述原因，电动机对电源频率的变化有如下规定：我国交流电源额定频率为 50Hz，当电源电压为额定值时，电源频率与额定频率的偏差不得超过 ±1%，即电源频率允许在 49.5~50.5Hz 内变化，电动机出力可维持额定值。如果频率过低，电动机定子电流增加，功率因数下降，效率降低，故不允许电动机在过低频率下运行。

3. 电动机振动与窜动允许值

运行中的电动机有时振动及窜动过大，而振动及轴向窜动值过大，可能损坏设备，甚至损坏电动机，故规定运行中的电动机，其振动及窜动值不得超过表 3-11 的规定值。当振动与窜动值超过规定值时，应停止电动机运行，查明原因并予以处理。

表 3-11 电动机振动和窜动允许值

额定转速/(r/min)	3000	1500	1000	≤750
振动值（双振幅）/mm	0.05	0.085	0.10	0.12
窜动/mm	2~4			

4. 电动机绝缘电阻允许值

检修后的电动机、停电时间长达 7 天以上的电动机，在送电前必须测量电动机的绝缘电阻。处于备用状态的电动机也必须定期测量其绝缘电阻，以防投入运行后，因电动机绝缘受潮发生相间短路或对地击穿。

电动机绝缘电阻合格的标准是：

高压电动机用 2500V 绝缘电阻表测量绝缘电阻，其绝缘电阻应不低于 1MΩ/1kV。高压电动机的绝缘电阻，在相同环境温度下测量，一般不应低于上一次测量值的 $\frac{1}{3} \sim \frac{1}{5}$，否则应查明原因。还应测量吸收比（$R_{60}/R_{15}$），其值应大于 1.3。380V/220V 交、直流电动机，用 500~1000V 绝缘电阻表测量绝缘电阻，其绝缘电阻值应不低于 0.5MΩ。

运行中的电动机因长期运行使绕组积满灰尘或炭化物，可能使绝缘下降，绝缘电阻合格与否应与原始记录相比较，当绝缘电阻较以前同样情况下（温度、电压、使用绝缘电阻表的额定电压均相同）降低 50% 以上时，则应认为不合格。

（二）电动机的巡视检查

1. 电动机的巡视检查

电动机运行时，一般电动机由该电动机所带机械的值班人员进行监视检查。重要的电动机，如给水泵、风扇电动机等，由电气值班人员进行监视检查。监视检查的内容如下：

1）正常运行时，电流、电压不应超过允许值。电流变化正常，电动机的最大不平衡电流值一般应不超过 10%；允许电压波动为额定电压的 ±5%，最大不得超过 10%；三相电压的不平衡值不得超过 5%。

2）电动机的温度、温升在规定范围内，测温装置完好。

3）电动机的声音、振动应正常，无异常气味。电动机绕组温度过高时，会发出较强的绝缘漆气味或绝缘材料的焦煳味和烟气，手摸电动机外壳，会感到非常烫手；正常运行时，电动机的振动和窜动应符合规定；正常运行时的声音应均匀，无杂声和特殊响声，轴承的声音用听针听也正常。如果出现温度过高、振动或声音异常，应停机检查。

4）电动机的轴承润滑正常。轴承油位、油色正常，油环转动灵活，强力润滑油系统工作正常。

5）电动机冷却系统（包括冷却水系统）正常。

6）电动机周围应清洁、无杂物，无漏水、漏油和漏气等现象。

7）电动机各护罩、接线盒、接地线、控制箱应完好无异常。

2. 电动机的运行维护

1）经常保持电动机本体及周围清洁无杂物。

2）按规定定时巡视检查电动机，对巡视检查发现的各种异常、缺陷应作记录，并及时处理。

3）对危及电动机安全运行的漏水、漏气应及时处理，并采取一定措施，防止电动机进水和受潮，危及电动机的绝缘。

4）为保持备用电动机的"健康"水平和真正起到备用作用，应按规定对电动机定期进行轮换运行；对停用和备用的电动机定期检查绝缘，绝缘不合格者应及时处理。

5）对绕线转子异步电动机，应注意电刷与集电环的接触、电刷的磨损及火花情况，火花严重时，必须及时清理集电环表面，矫正电刷弹簧压力。

二、高压断路器的正常运行和巡视检查

（一）高压断路器的允许运行方式

高压断路器是发电厂、变电站中重要的开关设备，在正常情况下，用于接通或断开电路，在事故情况下，与继电保护相配合，自动断开有故障的电路，以保证系统及其他部分正常运行。由于断路器是重要的控制电器，它的正常运行直接影响电网及电气设备的安全运行，为此，断路器应保持正常运行状态。高压断路器的正常运行状态为：在规定的外部环境条件（电压、气温、海拔）下，可以长期连续通过额定电流及开断铭牌规定的短路电流。在此情况下，断路器的瓷件、介质质量、压力、温度及机械部分等均应处于良好状态。

1. 断路器的运行参数

断路器铭牌上标有额定电压、额定电流、额定开断电流、额定开断容量等参数，各种高压断路器允许按断路器铭牌规定的额定技术参数长期运行。在正常运行条件下，断路器的运行电压不得超过铭牌上规定的最高工作电压，通过的负荷电流一般不得超过铭牌上规定的额定电流；在事故情况下，断路器的过负荷电流也不得超过额定值的10%，且时间不宜超过4h。当断路器通过短路电流时，除应满足动稳定和热稳定条件外，其开断电流和开断容量均不得超过铭牌额定值。

2. 断路器的运行温度

断路器本体与引线接头的运行温度不应超过允许值。对于油断路器，其箱体、导电杆、触指等部件，允许最高温升不应超过 $40 \sim 60$℃。

SF_6 断路器及其组合电器（GIS），在周围环境温度为40℃时，导体允许最高温升为65℃，外壳允许最高温升为30℃（在日照下，GIS的外壳温升一般为15℃，允许最高温升为25℃）。导体的温升与负荷电流有关。一般认为，导体的温升 T（℃）与负荷电流 I（A）

的 1.7 次方成正比，即

$$T = kI^{1.7} \tag{3-5}$$

外壳的温升也按这一关系计算，然后将计算结果与出厂试验数据比较，以判断外壳温升是否正常。

对于真空断路器，动、静触头主导电回路的温升，在长期通电的情况下，不应超过规定值。在产品设计已定型的条件下，对温升考核的唯一方法就是测量主导电回路的电阻值，如果电阻值在规定范围内，则温升不会超过允许值。

3. 断路器的开断次数

断路器达到规定的事故开断次数，则应停电解体大修。一般情况下，禁止将超过规定开断次数的断路器继续投入运行。

通常，对装有自动重合闸的油断路器，规定在切断 3 次短路电流后，应将重合闸停用；在切断 4 次短路电流后，应对断路器进行大修。每次切断短路电流后，都应检查断路器的油色和损坏情况，如油色变黑、有明显的炭黑悬浮物或断路器有明显损坏，也应停止运行，进行大修，以免断路器再次切断短路电流时，造成断路器的损坏或爆炸。

对 SF₆ 断路器或 SF₆ 组合电器，各制造厂对允许开断次数的规定差别较大。例如 FA4 型 SF₆ 断路器的额定电流的开断次数为 1500 次，100% 短路电流（50kA）的开断次数为 14 次，50% 短路电流的开断次数为 90 次以上，才进行检修。检修周期按制造厂的规定执行。

对真空断路器，如 3AF 型真空断路器，其断弧不需要采取冷却措施，而金属蒸气等离子体具有高导电性，因此电弧电压很小，其触头及灭弧室的电气寿命较长，其允许开断额定短路电流的次数可达 100 次，开断额定电流的次数可达 2000 次。

4. 断路器的操作能源

断路器无论采用何种操动机构（电磁式、弹簧式、气动式、液压式），均应经常保持足够的操作能源。①电磁式操动机构，合闸电源应保持稳定，电压满足规定值要求（0.85 ~ 1.1 倍额定操作电压），脱扣线圈的动作电压应在规定值范围内；②弹簧操动机构在分合闸操作后，均应能自动再次储能；③液压或气动式操动机构，其工作压力应保持在规定的范围内。例如，LW6-500 型 SF₆ 断路器配用的液压操动机构，其额定油压为 32.6MPa，油泵起动压力为 31.6MPa，油泵停止压力为 32.6MPa，液压合闸闭锁压力为 27.8MPa，液压分闸闭锁压力为 25.8MPa，油泵电源自动切除时的压力为 18.0MPa。由于漏油，液压机构的油压降至 31.6MPa 时，液压机构的油泵自起动，将油压升至 32.6MPa，油泵自动停止。当油压降至 27.8MPa 时，液压机构的微动开关动作，使合闸联锁继电器动作，将断路器合闸回路闭锁，防止断路器慢合闸。当油压降至 25.8MPa 时，将断路器的分闸回路闭锁，防止断路器慢分闸。如果油压降至 18.0MPa 或为零，必须将油泵电源切断，防止油泵起动升油压时，引起断路器分闸。

液压操动机构油箱内的油位线也应在刻度范围内，以免缺油或看不见油位时，油泵起动，将空气压到高压油回路中，造成油泵内有空气存在，使液压压力无法建立，同时，若高压油中有大量空气存在，会造成断路器动作特性不稳定，影响断路器技术性能，甚至造成事故。

5. 气体灭弧介质的运行压力

用气体介质（空气、SF₆）灭弧的断路器，在正常条件下运行时，气体灭弧介质的运行压力应在制造厂规定的允许范围内。气体灭弧介质的压力对断路器开断性能和绝缘性能都有很大影响。为了保证断路器的开断能力和绝缘强度，当气体压力下降到一定数值时，应对断路器的动作进行闭锁，并发出信号。例如，LW6-500 型 SF_6 断路器的 SF_6 气体额定运行压力为 0.6MPa，补气压力为 0.52MPa，分、合闸闭锁压力为 0.5MPa。当气体压力降低到第一报警值（0.52MPa）时，漏气相密度继电器的触头闭合，直接发出对应相断路器需要补气的信号。如果气体压力继续下降到第二报警值（0.5MPa，保证分闸的最低压力）时，漏气相密度继电器的另一触头闭合，从而使合闸闭锁和分闸闭锁继电器得电动作，将断路器闭锁在原先的位置上（也可动作于跳闸）。

6. 断路器的绝缘电阻

绝缘电阻能反映断路器的绝缘缺陷（如受潮），在投入运行前，应测量其绝缘电阻。测量时，应在合闸状态下测量导电部分对地的绝缘电阻和分闸状态下测量断口之间的绝缘电阻。

各种断路器的绝缘电阻应符合规程规定才能投入运行。油断路器用 1000 ~ 2500V 绝缘电阻表测量，绝缘电阻应不低于表 3-12 中的规定值；其操作回路用 500V 绝缘电阻表测量，绝缘电阻应不小于 1MΩ。220kV 的 SF_6 断路器用 2500V 绝缘电阻表测量，绝缘电阻应不小于 5000MΩ；其操作回路用 500V 绝缘电阻表测量，绝缘电阻不小于 5MΩ；其油泵电动机用 500V 绝缘电阻表测量，绝缘电阻不小于 1MΩ。对真空断路器绝缘电阻的要求，与油断路器相同。不同电压等级、不同类型的高压断路器，其绝缘电阻值在运行规程中都有具体规定。

表 3-12 油断路器绝缘电阻（使用 2500V 绝缘电阻表测量）

额定电压/kV	6 ~ 10	35 ~ 110	220
绝缘电阻/MΩ	500	1000	1500

（二）高压断路器的巡视检查

高压断路器的运行维护工作主要是运行中的巡视检查，并对巡视检查中发现的问题及时处理，以便保持断路器的良好运行状态。巡视检查的方法及项目如下：

1. 巡视检查的一般方法

巡视高压断路器时，一般用目测、耳听、鼻嗅的方法进行巡视检查。

1）目测法。运行值班人员用肉眼观察断路器的各部位，是否有异常现象。如变色、变形、破裂、松动、打火冒烟、闪络、渗漏油、油位过高或过低以及气压过低等，都可通过目测检查出来。

2）耳听法。高压断路器正常运行时是无声音的，如果巡视时听到断路器内有异常声音，则应立即反映给值班负责人（值长、值班长），并作出相应的处理。

3）鼻嗅法。巡视检查时，如果闻到焦臭味，应查找焦臭味来自何处，观察断路器本体过热部位，查看断路器端子箱，直至查明原因，并作出相应的处理。

必须注意，并不是所有的电气设备都可采用上面所提到的几种方法，实际使用中应当根据设备的基本类型合理选择。

高压断路器本体的外壳往往带有高电压，运行人员在巡视检查时，千万不要触摸其外壳。室内开关柜的门不要随意打开检查。注意保持人体与带电体的安全距离，防止人身触电。

2. 油断路器的运行维护

运行值班人员应定期进行巡视检查投入运行和处于备用状态的断路器,特殊情况下(如异常、事故跳闸)应增加检查次数,以保证断路器安全、可靠地运行。油断路器运行时的巡视检查项目如下:

1)断路器位置指示的检查。断路器分、合闸位置指示器的指示应正确,与当时实际运行方式相符。

2)油位和油色的检查。应检查三相每个断口的油位,所有断口的油位应在油标上、下监视线之间;油色应透明,且无炭黑悬浮物。若长期运行,发现油位不变,油色陈旧,则可能为假油位。

3)渗漏油检查。断路器各部位应无渗、漏油现象。

4)运行温度的检查。断路器外壳、引线接头运行温度不应超标。示温蜡片不熔化,变色漆不变色,外壳温度与环境温度相比无较大差异,内部无异常响声,则运行温度正常。

5)套管、绝缘子的检查。套管或绝缘子应无裂纹、破损,无放电痕迹,无放电声和电晕声。

6)操动机构的检查。操动机构的所有部件应完好。弹簧机构的储能弹簧应储能正常;液压机构无渗、漏油现象,油位、油压正常,活塞杆行程及微动开关位置正常,油泵起动次数正常(一般为 1 次/日),加热器应能根据环境温度变化正常投、切。

3. 真空断路器的运行维护

真空断路器运行时,应巡视检查以下项目:

1)检查断路器的分、合闸机械位置指示器指示应正确,应与当时实际运行位置相符。

2)检查绝缘子应清洁、无裂纹、无破损、无放电痕迹和闪络现象。

3)检查接头接触部位,应无过热现象,无异常音响。

4)检查灭弧室完好无漏气现象。正常情况下,玻璃泡应清晰,屏蔽罩内颜色应无变化。开断电路时,分闸弧光呈微蓝色。当运行中屏蔽罩出现橙红色或乳白色辉光时,则表明灭弧室的真空已失常,应停止使用并更换灭弧室。当灭弧室漏气时,真空断路器的开断性能会劣化。为使运行中不出现真空失常,运行一段时间后,应检查其真空度下降情况,即在检修状态,对动、静触头间隙作工频耐压试验,若无放电或击穿现象,则灭弧室真空度正常,可继续使用。否则应更换灭弧室。

5)检查断路器绝缘拉杆应完整,无断裂现象,各连杆应无弯曲,断路器在合闸位置,弹簧应在储能状态。

6)检查断路器开关柜有无吊牌。

7)当环境温度低于5℃时,应检查开关柜加热器是否已投入运行。

8)检查运行环境无滴水、化学腐蚀气体及剧烈振动。

4. SF_6断路器的运行维护

对于运行中的 SF_6 断路器,应巡视检查下列项目:

1)断路器本体检查。本体应清洁,无严重污秽现象;绝缘子完好,无破损、无裂纹、无放电痕迹和闪络现象。

2)运行声音的检查。断路器内无噪声和放电声;断路器各部分通道应无漏气声和振动声。

3）SF$_6$气体压力的检查。断路器内 SF$_6$气体的压力应正常，其额定压力一般为 0.4～0.6MPa（20℃）。运行中的 SF$_6$断路器，每班应定时记录 SF$_6$气体的压力和环境温度并与制造厂的"压力—温度"关系曲线（见图 3-9）进行比较。

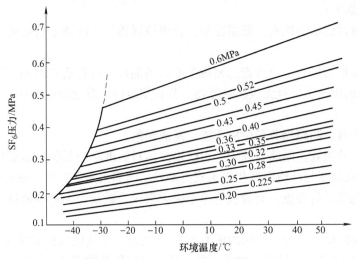

图 3-9　SF$_6$气体的"压力—温度"关系曲线

在某一环境温度下，由表计测出的 SF$_6$气体压力值与该温度在"压力—温度"关系曲线中查出的压力值比较，可大致判断断路器漏气程度。压力测量值符合关系曲线的，则为额定值或表计指示值在标准范围内。压力测量值与关系曲线值相差较大时，则可能为漏气。在一定环境温度下，SF$_6$断路器气体的压力也可按下式计算：

$$P_t = \frac{(0.1 + P_{20})(273 + t)}{293} - 0.1 \qquad (3-6)$$

式中　t——环境温度，℃；

　　P_t——环境温度为 t 时的压力，MPa；

　　P_{20}——制造厂给出的、环境温度为 20℃时的压力，MPa。

如果断路器无漏气，则表计指示值与计算值应近似相等。在同一环境温度下，若两次记录的表计压力值之差超过规定值，则说明有漏气现象，应及时查漏并消除。

4）断路器运行温度的检查。断路器触头处及流通部位应无过热及变色发红现象。否则应停止运行，待消除后方可投入运行。

5）操动机构及位置指示的检查。操动机构应完好，液压机构油压、油位应正常，无渗、漏油现象，油泵起、停及运转正常，防潮保温加热器按规定环境温度投入或断开；断路器的机械位置指示器指示应正确，与断路器实际分、合位置一致。

6）检查控制、信号电源应正常，控制方式选择开关在"遥控"位置。

7）断路器防潮。断路器运行时，应严格防止潮气进入断路器内，以免水与电弧作用产生的硫化物和氟化物造成对断路器结构材料的腐蚀。故对于运行中的 SF$_6$断路器，应定期测量 SF$_6$气体的含水量，新装或大修后的 SF$_6$断路器，每 3 个月测量一次，待含水量稳定后，每年测量一次。在梅雨季节、在相对湿度大于 80% 及以上的时段、雨后 24h 内，或在室外温度低于 10℃（含）等情况下，应投入加热驱潮装置。

5. SF₆全封闭组合电器的运行维护

SF₆全封闭组合电器是指除变压器外，将电气一次系统中的高压元器件（断路器、隔离开关、接地隔离开关、互感器、母线、避雷器、电缆头等），按电气主接线的连接方式组合在一起，并全部装在充有SF₆气体的封闭金属壳内，形成一封闭的高压开关装置，简称GIS。

（1）GIS运行的规定

1）断路器投入运行前，必须做一次远方分、合闸试验。试验时，断路器两侧的隔离开关必须拉开。

2）正常运行情况下，SF₆断路器的操作应在网控盘上进行，断路器的方式选择开关应置于"远方"位置。在调试或事故处理时，才允许就地操作。

3）SF₆气体、操动机构的液压油和氮气均应满足质量要求。

4）断路器在合闸运行状态时，若液压机构失压，不得重新打压。应将断路器退出运行，在断路器不承受工作电压条件下重新打压，以避免断路器失压后再打压时的慢分闸事故。

5）断路器必须在退出运行、不承受工作电压时，才能进行慢分闸、慢合闸操作。

6）断路器液压机构的油压应符合制造厂的规定。正常油压为额定值，油压降低时，油泵自动起动、自动停止、运行时间应正常；油压降低，闭锁分、合闸应正常；各种信号发出应正常；油压升高，安全阀动作应正常。

7）断路器间隔和其他间隔的SF₆气体压力应符合制造厂规定。如断路器间隔额定气压为0.655MPa，当气体降低至规定值时应能闭锁分、合闸，断路器间隔或其他间隔气压降低至某定值时，应能发出"SF₆压力异常"光字牌信号。

（2）GIS的运行监测　为了提高GIS的运行可靠性和降低运行费用，防止偶发性事件和故障的发生，使设备能按计划进行维修，目前国内外比较重视GIS体外诊断技术，即在设备不停电情况下，对设备进行在线检测与诊断。一般监测项目主要有以下几项：

1）导电性能监测。主要是监测接触状态是否良好，即通过各种温度传感器、X射线诊断、气压监测等方法监测局部过热，通过外部加速度传感器和计算机加以处理，检测触头接触状态是否良好，是否有接触电压变化、触头软化等现象。

2）开断特性监测。主要是监测操作特性，如开断速度、行程、时间等参数及变化，也涉及触头、喷口烧损情况及接触状态、气体密度、累计开断电流的监测与计算机处理等。

3）避雷器特性监测。主要是通过监测泄漏电流是否增大以判断避雷器的性能是否恶化。

4）绝缘性能监测。该项目主要是监测GIS的局部放电，其次，还可监视SF₆气体的密度，这是GIS故障诊断和在线监测最重要的内容之一。根据局部放电产生的物理化学现象的不同，局部放电检测方法分为声、电、光、化4种，而诊断价值较高的是声、电两种。

（3）GIS的日常巡视检查

1）断路器和隔离开关的检查。检查断路器、隔离开关、接地隔离开关、快速接地隔离开关的位置指示器是否正常，闭锁装置是否正常；从窥视孔检查隔离开关、接地隔离开关的触头接触是否正常。

2）信号指示灯的检查。各种指示灯、信号灯指示是否正常。

3）SF₆气体压力的检查。GIS的断路器、隔离开关、母线等各个气室均装设有气体压力监视设备。带温度补偿的压力开关（密度继电器）可对 SF₆ 气体密度进行自动监视，还可以通过压力表进行辅助监视。日常巡视检查时，应检查密度继电器和压力表的指示，并记录好各气室的 SF₆ 气体压力及当时环境温度，并定期汇总，这样可做到如下两点：

① 在 SF₆ 气体压力降低到报警压力之前，能及时发现 GIS 漏气现象。

② 能够定量计算出 GIS 的漏气量，判断漏气对 GIS 运行的影响程度（是否要停止运行）。SF₆ 气体压力日常检查记录表如图 3-10 所示，其记录方法如下：

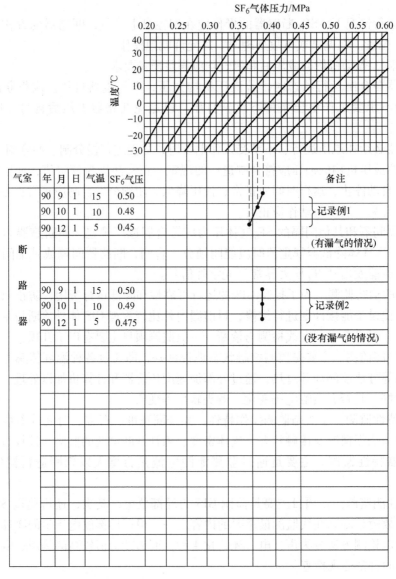

图 3-10　SF₆ 气体压力的日常检查记录表示例

★ 在 SF₆ 气体压力记录表上用"·"号标出实测环境温度下各气室 SF₆ 气体压力。

★ 将"·"号沿等密度线移到 −30℃ 线上。

★ 将"·"号继续垂直下移至相应记录日期栏中，并用"·"号标出。

★ 将"·"联系起来。如果连线呈倾斜状（见图 3-10 中的例 1 所示）则表明该气室漏气；如果连线大致平行于温度轴（见图 3-10 中的例 2 所示），则表明该气室密封良好。

★ SF_6 气体压力下降值的计算。以图 3-10 中的例 1 为例，把 5℃ 时 SF_6 气体压力 0.45MPa 换算为 15℃ 时的气体压力 0.47MPa，与最初记录的 SF_6 气体压力比较，即可求出 90 天内 SF_6 气体压力下降了 0.03MPa。

★ 预测 SF_6 气体压力下降至报警值的时间（判断补气的紧急程度）。以图 3-10 中的例 1 为例，假定 SF_6 气体压力比额定值低 0.05MPa 时发出压力降低警报信号，按例 1 的漏气速度，60 天后就会发出警报信号，则可在此期间内选择停电方便的时间，查明漏气部位并进行修理。

4）异常声音的检查与判别。当 GIS 内部出现局部放电时，会通过 SF_6 气体和外壳传出具有某些特征的声音。由于电流通过导体产生的电磁力、静电力而出现的微振动、螺母松动等，都会通过外壳传出的声音变化反映出来。巡视检查时，应留心辨别音质特性的变化、持续时间的差异，并判别出是否有异常声音。

① 放电声。GIS 内部的局部放电声类似小雨落在金属罐上的声音。由于局部放电声相当于或低于基底噪声水平，并且局部放电声的音质与基底噪声不同，所以不难判别。不过有时必须将耳朵贴在外壳上才能听到（或用探针听）。如果放电声微弱，无法分辨放电声来自 GIS 内部还是外部，或者无法判断是否是放电声，可通过局部放电测量、噪声分析和采用气相色谱仪进行气体分析来检测 GIS 内部的绝缘状况。确认放电声来自 GIS 内部时，应停电解体检修。

② 励磁声。励磁声是 GIS 外壳等金属结构件在电磁力和静电力的作用下产生微振动时发出的声音。当 GIS 主回路通过电流时，周围就存在磁场，该磁场使 GIS 外壳、金属台架等励磁，并使它们之间反复吸引，产生频率为工频倍数的振动。同时，电场的存在也会使外壳在静电力的作用下产生振动。电场是按工频变化的，而静电力的变化频率则是工频的倍数。所以，GIS 的励磁声与变压器的励磁声相似，GIS 励磁声的基波频率是工频的 2 倍，即为 100Hz（或 120Hz）。此外，电流互感器、电压互感器、交流继电器的线圈等也是励磁声的来源。

在日常巡视检查时，如果发现励磁声不同于平时听到的声音，说明存在螺栓松动等情况，应进一步检查。通常控制箱、柜的门和外罩等薄板结构件在 100～120Hz 时发生共振产生的声音尤为明显。由于其音质随固紧螺栓的松紧程度而变化，因而比较容易判别。如果怀疑 GIS 内部元器件有异常变化，应估计到放电声会同时发生，进行局部放电测量将有助于故障分析。

励磁声可用噪声计和加速度计进行定量测定。

5）发热和异常气味的检查。正常运行时，GIS 外壳的温升应不超过允许值。当 GIS 内导体接触不良时会导致过热，并使邻近的外壳出现温升异常现象。因此，巡视检查时应注意辨别外壳、扶手等处温升是否正常，有无过热、变色，有无异常气味。

怀疑温升异常时，应测量温度分布，查明发热部位。将发热部位的温升与出厂试验值或其他相温升值比较，判断温升是否正常。怀疑 GIS 内部导体接触不良时，可在停电后测定主回路电阻，以判定接触状况。

6）对金属部件生锈的检查。生锈是由潮湿引起的。生锈会导致金属部件的腐蚀、动作不灵活、接触不良等。根据环境条件的不同（温度、湿度及腐蚀性气体等），生锈程度亦有很大差别。当发现生锈时，必须采取应急措施，防止生锈的发展。

对于金属外壳、台架等结构，主要检查法兰、螺栓、接地导体的外部连接部分有无生锈。对操作箱和控制柜，应检查门密封垫的密封情况，换气口是否渗水，电线管有无渗水，防结露的加热器是否投入使用。特别是操作箱下部控制线的引入部分应密封良好，以免潮气上升时在操作箱内结露。

7）分、合闸指示器和动作计数器的检查。检查动作计数器的指示状态和动作情况；检查分、合闸指示器及指示灯显示应符合实际。

8）其他部件的巡视检查。检查操动机构的联板、连杆有无脱落下来的开口销、弹簧、挡圈等连接部件；检查压缩空气系统和油压系统中贮气（油）罐、控制阀、管路系统密封是否良好，有无漏气、漏油痕迹，油压和气压是否正常；检查操作箱的防水、防尘作用，内部有无水迹、尘埃痕迹；检查结构是否变形、油漆是否脱落、气体压力表有无生锈和损坏、SF_6 气体管路和阀门有无变形，阀门开、闭位置是否正常，以及导线绝缘层是否完好，加热器是否按规定投入或切除。

（4）GIS 及 SF_6 断路器巡视检查注意事项

1）进入 GIS 室及 SF_6 断路器室巡视检查时，必须两人巡检（不得单人巡检），且先开启通风设备，按规定经一定时间通风后，方可进入室内检查。

2）巡视检查时，发生 SF_6 气体分解物逸入 GIS 室事故，运行人员应立即撤离现场，并立即投入全部通风设备，事故发生 15min 内，运行人员不得进入室内，在事故发生 30min ~ 4h 之内，运行人员进入现场，一定要穿防护服及戴防毒面具，4h 之后进入室内进行护理时，仍须遵守上述安全措施。

3）在巡视中发现 SF_6 气体压力下降，若有异声或严重异味，眼、口、鼻有刺激症状，运行人员应尽快离开现场，若因操作不能离开，应戴防毒面具和防护手套，并报告上级采取措施。

4）巡视检查时，运行人员在 GIS 室内低凹处蹲下检查的时间不要过长，防止低凹处因 SF_6 分解物泄漏致人窒息事故。

5）用过的防毒面具、防护服、橡胶手套、鞋子及其他等物均须用小苏打溶液洗净后再用，防止人员中毒。

三、母线的正常运行和巡视检查

母线是一种既简单但又非常重要的设备，它的作用主要是用于汇集和分配电能。常用的母线形式有硬母线和软母线。

（一）母线的允许运行方式

母线运行时，其绝缘子应完好无损，无放电现象，硬母线无变形，软母线无散股及断股现象，在额定条件下，能够长期、连续流过额定电流，在短路情况下，能满足动稳定和热稳定要求，这种运行状态为母线的正常运行状态。

1. 允许运行参数

1）运行电压和运行电流。母线的最高工作电压不得超过额定电压的 1.15 倍，最大持续工作电流不得超过其额定电流。

2）运行温度。一般情况下，母线的运行温度不宜超过70℃。最高允许运行温度不得超过以下规定：一般载流部分为115℃；用螺栓紧固连接部分为80℃；用弹簧压紧的连接部分为75℃。当母线的接触面处有锡的可靠覆盖层时为85℃；母线接触面有银的可靠覆盖层时为95℃；母线在闪光焊接时为100℃；封闭母线的最高允许温度为90℃，外壳最高允许温度为60℃。

2. 绝缘电阻

对母线的绝缘电阻要求，与对断路器绝缘电阻的要求相同。

（二）母线的巡视检查

为了保证各电压等级配电装置母线的安全运行，运行值班人员应定期进行巡视检查。母线正常巡视检查的项目有：

1）母线绝缘子的检查。检查母线绝缘子、穿墙套管、支柱绝缘子应清洁、无破损、无裂纹和放电痕迹。

2）母线线夹的检查。检查软母线耐张线夹和硬母线（矩形、槽形、管形）T形线夹应无松动、脱落。

3）母线的检查。检查软母线应无断股，铝排和管形母线应无弯曲变形，母线无烧伤。

4）母线接头的检查。伸缩接头应无断裂、放电、母线上的螺钉应无松动。

5）母线运行温度的检查。母线和接头运行温度应正常，温度不超过允许值，无发热变红的现象。

特殊检查项目如下：

1）大风时，软母线的摆动应符合安全距离要求，母线上应无异常飘落物。

2）雷电后，检查绝缘子有无放电闪络痕迹。

3）雨雪天气，检查接头处是否冒汽或落雪立即融化。

4）气温突变时，母线有无张弛过大或收缩过紧现象。

5）雾天，检查绝缘子有无污闪。

四、隔离开关的正常运行和巡视检查

隔离开关俗称隔离刀闸，在倒闸操作中常称刀闸，是高压开关电器的一种。因为它没有专门的灭弧装置，所以不能用来切断负荷电流和短路电流。使用隔离开关时应与断路器配合，只有在断路器断开后才可进行操作（倒母线除外）。它的主要作用是：用于隔离电源，使检修设备与电源之间有一明显的断开点；配合断路器进行倒闸操作；拉、合小电流电路。

（一）隔离开关的允许运行方式

隔离开关在运行时，其鼓形绝缘子应完好无损，无放电现象，结构部件完好无变形，在额定条件下，能够长期、连续流过额定电流，在短路情况下，能满足动稳定和热稳定要求，这种运行状态为隔离开关的正常运行状态。

1. 允许运行参数

1）运行电压和运行电流。隔离开关最高工作电压不得超过额定电压的1.15倍，最大持续工作电流不得超过其额定电流。

2）运行温度。在正常运行时，隔离开关的温度不得超过70℃，若接触部分的温度超过80℃，应减少其负荷。

2. 绝缘电阻

对隔离开关的绝缘电阻要求，与对断路器绝缘电阻的要求相同。

（二）隔离开关的巡视检查

触头是隔离开关上最重要的部分，不论哪一类隔离开关，在运行中其触头弹簧或弹簧片都会因锈蚀或过热使弹力降低；隔离开关在断开后，触头暴露在空气中，容易发生氧化和脏污；在操作过程中，电弧会烧坏触头的接触面，各联动部件也会发生磨损或变形，因而影响了接触面的接触；若在操作过程中用力不当，会使接触面位置不正，造成触头压力不足等。上述情况均会造成隔离开关的触头接触不紧密，因此应把检查三相隔离开关每相触头接触是否紧密作为巡视检查的重点。

隔离开关运行时，其正常巡视检查项目如下：

1）触头的检查。触头处应清洁，接触良好，无螺钉断裂或松动现象，无严重发热和变形现象，无烧伤痕迹、运行温度应不超过允许值（可定期用红外测温仪检测触头的温度）。

2）绝缘子的检查。瓷绝缘子表面应清洁，无裂纹、无破损、无电晕和放电现象。

3）本体部件的检查。隔离开关本体、连杆、转轴等机械部分无变形；各部件连接良好，位置正确。

4）引线的检查。引线无松动、无严重摆动和烧伤断股现象，均压环牢固且不偏斜。

5）操动机构的检查。操动机构各部件应完好无损，各部件紧固、无锈蚀、无变形、无松动、无脱落；操动机构箱、端子箱和辅助触头盒应关闭且密封良好，能防雨、防潮。操作机构箱、端子箱内应无异常，熔断器、热继电器、二次接线、端子连接、加热器等应完好；液压机构的管路完好，无渗、漏油现象，油位、油压指示正常。

6）闭锁装置的检查。防误闭锁装置应良好，电磁锁或机械锁无损坏，其辅助触头位置正确、接触良好。隔离开关的辅助切换触头安装牢固，切换正确，接触良好，防雨罩壳密封良好。

7）接地隔离开关的检查。带有接地刀闸的隔离开关，刀片、刀嘴应接触良好，闭锁应正确。

五、互感器的正常运行和巡视检查

互感器包括电压互感器（TV）和电流互感器（TA），它们是将电路中的大电流变为小电流、将高电压变为低电压的电气设备，既是测量仪表、继电保护和自动装置的交流电源，又是实现仪表测量、继电保护和自动装置必不可少的设备。互感器的一次侧与一次设备相连，二次侧与二次设备相连，它又是一次系统和二次系统之间的联络部件（只有磁的联系，而无电的联系），能可靠地将一、二次设备隔开。由于互感器的运行既影响一次系统，又影响二次系统，故要求互感器的运行有更高的可靠性。

（一）互感器的允许运行方式

1. 电压互感器的允许运行方式

1）允许运行容量。电压互感器的运行容量不超过铭牌规定的额定容量时，可以长期运行。铭牌上标有多个准确度等级及其相应的二次额定容量。为了保证电压互感器测量误差不超过准确度等级，应根据二次负荷对准确度等级的要求，使其二次负荷运行容量不超过与准确度等级相应的二次额定容量。

2）允许运行电压。电压互感器允许在不超过其1.1倍额定电压下长期运行。在小接地电流系统中，当发生一相接地时，非接地相电压升高$\sqrt{3}$倍。由于电压互感器在制造时，要求能承受1.9倍额定电压8h运行无损伤，故小接地电流系统一相接地时，其运行时间不作规定。

3）绝缘电阻允许值。电压互感器投入运行之前，测量其绝缘电阻应合格。电压互感器一次侧额定电压在3kV及以上的，均使用2500V绝缘电阻表测量，其绝缘电阻应不低于1MΩ/kV；二次侧使用500～1000V绝缘电阻表测量，其绝缘电阻应不低于1MΩ，且一、二次侧绝缘电阻均不低于前次测量值的1/3。电压互感器二次侧的中性点采用绝缘击穿保险器接地时（小接地电流系统中采用），绝缘击穿保险器采用500V绝缘电阻表测量，其绝缘电阻应不小于0.5MΩ。

4）运行中电压互感器的二次侧不能短路。因电压互感器二次侧接入的是一些阻抗很大的二次负荷，正常运行时，其二次电流很小，接近变压器的空载运行状态。当二次侧短路时，二次阻抗大大减小，会出现很大的短路电流，使二次绕组严重发热而烧毁。

5）二次绕组必须有一点接地，且只能有一点接地。这是为了防止一、二次绕组之间的绝缘击穿时，高电压窜入低压侧，危及二次设备和人身安全。

6）油位及吸湿剂应正常。油浸式电压互感器装有油位计和吸湿器，正常运行时，电压互感器的油位应正常，吸湿器内的吸湿剂颜色应正常（否则应更换吸湿剂）。凡新装的110kV及以上的油浸式电压互感器，都应采用全密封式或带微正压的金属膨胀器。凡有渗油的，应及时处理或更换互感器。

2. 电流互感器的允许运行方式

1）允许运行容量。电流互感器应在铭牌规定的额定容量范围内运行。如果超过铭牌额定容量运行，则使准确度降低，测量误差增大，表计读数不准，这一点与电压互感器相同。

2）一次侧允许电流。电流互感器的一次侧电流允许在不大于1.1倍额定电流下长期运行。如果长期过负荷运行，会使测量误差加大，并使绕组过热或损坏。

3）绝缘电阻允许值。电流互感器在投入运行之前，测量其绝缘电阻应合格。电流互感器一次侧额定电压在3kV及以上的，均使用2500V绝缘电阻表测量，其绝缘电阻应不低于1MΩ/kV，且不低于前次测量值的1/3；二次侧使用500～1000V绝缘电阻表测量，其绝缘电阻应不低于1MΩ，且不低于前次测量值的1/3。

4）运行中电流互感器的二次侧不能开路。如果运行中的电流互感器二次侧开路，则二次侧会出现高电压，从而危及二次设备和人身安全。若工作需要断开二次回路（如拆除仪表）时，在断开前，应先将其二次侧端子用连接片可靠短接。

5）二次绕组必须有一点接地。原因与电压互感器相同。

6）油浸式电流互感器的油位、油色应正常。

（二）互感器的巡视检查

1. 电压互感器运行时的巡视检查

1）检查绝缘子应清洁，无破损、无裂纹、无放电现象。

2）检查油位应正常，油色应透明不发黑，无渗油、漏油现象。

3）检查吸湿器内的吸湿剂颜色应正常，无潮解，吸湿剂变色超过1/2时应更换。

4）检查内部声音应正常，无放电及剧烈电磁振动声，无焦臭味。

5）检查密封装置应良好，各部位螺钉应牢固、无松动。

6）检查一次侧引线接头连接应良好，无松动、无过热；高压熔断器限流电阻及断线保护用电容器应完好；二次回路的电缆及导线应无腐蚀和损伤，二次接线无短路现象。

7）检查电压互感器一次侧中性点接地及二次绕组接地应良好。

8）检查端子箱应清洁，未受潮。

2. 电流互感器运行时的巡视检查

1）检查瓷质部分应清洁，无破损、无裂纹、无放电痕迹。

2）检查油位应正常，油色应透明不发黑，无渗油、漏油现象。

3）检查电流互感器应无异常声音和焦臭味。

4）检查一次侧引线接头应牢固，压接螺钉无松动，无过热现象。

5）检查二次绕组接地线应良好，接地牢固，无松动、无断裂现象。

6）检查端子箱应清洁、不受潮，二次端子接触良好，无开路、放电或打火现象。

六、消弧线圈的正常运行和巡视检查

（一）消弧线圈的允许运行方式

在中性点不接地系统（60kV 及以下）中，当发生单相接地时，接地点会流过接地电容电流，该电流超过一定数值时，接地点会产生稳定性电弧电流或间隙性电弧电流。稳定性电弧电流不易熄灭，易烧坏设备；间隙性电弧电流会产生间隙电弧过电压，危及整个电网的绝缘性能。为此，当中性点不接地系统中的接地电容电流超过规定值时，应在系统变压器中性点与地之间，接入消弧线圈，以补偿接地点的电容电流，使接地电流不超过规定值，从而避免稳定性电弧电流和间隙性电弧电流带来的危害。但是，消弧线圈运行不当，也会带来负面影响，为此，消弧线圈的运行应遵守有关规定。

1. 消弧线圈的补偿方式

消弧线圈是一个带有空气间隙铁心的可调电感线圈，线圈的电阻很小，电抗很大，接在系统中发电机或变压器的中性点与大地之间。正常运行时，中性点对地电压为零，消弧线圈中没有电流流过；当系统中发生单相接地时，中性点对地电压接近或等于相电压，消弧线圈在该电压作用下，有电感电流流过，电感电流流过接地点，对接地故障点的全电网电容电流进行补偿，使接地点的接地电流限制在允许范围内（10kV 及以下的系统小于 30A，35 ~ 60kV 系统小于 10A），防止间歇电弧和稳定电弧的产生，有利于接地电弧的熄灭。

消弧线圈有以下 3 种补偿方式：

1）全补偿。消弧线圈的补偿电感电流 I_L 等于接地点的电网全电容电流 I_C，使接地点的接地电流为零。

2）欠补偿。消弧线圈的补偿电感电流 I_L 小于接地点的电网全电容电流 I_C，使接地点的接地电流呈容性。

3）过补偿。消弧线圈的补偿电感电流 I_L 大于接地点的电网全电容电流 I_C，使接地点的接地电流呈感性。

2. 电网的调谐度、脱谐度及补偿度

为表明消弧线圈对接地点电网全电容电流的补偿情况，特引出电网的调谐度、脱谐度及补偿度的概念。

（1）调谐度 流过消弧线圈的补偿电感电流 I_L 与电网全电容电流 I_C 的比值称为调谐度，用等式表示为

$$K = \frac{I_L}{I_C} \tag{3-7}$$

（2）脱谐度 电网全电容电流 I_C 与流过消弧线圈的电感电流 I_L 之差，与电网全电容电流 I_C 的比值称为脱谐度，即

$$U = \frac{I_C - I_L}{I_C} = 1 - K \tag{3-8}$$

（3）补偿度 流过消弧线圈的电感电流 I_L 与电网全电容电流 I_C 之差，与电网全电容电流 I_C 的比值称为补偿度，即

$$P = \frac{I_L - I_C}{I_C} = K - 1 \tag{3-9}$$

3. 消弧线圈的允许运行方式

1）在正常运行方式下，消弧线圈经隔离开关接入规定变压器的中性点（如两台变压器共用一台消弧线圈，按正常运行方式，将消弧线圈接入某台变压器的中性点上）。

2）在正常运行方式下，补偿系统各台消弧线圈均应投入运行，以满足补偿系统发生单相接地时补偿的需要。

3）在正常运行条件下，消弧线圈不得超过其铭牌额定参数运行；当补偿系统发生单相接地时，消弧线圈继续运行时间不得超过 2h。

4）消弧线圈正常调谐值的选择：

① 选择调谐值时，应使电容电流 I_C 过补偿或欠补偿后，剩余电感电流或电容电流（即残余电流 $I_L - I_C$）有一定差值。

② 补偿网络在正常或事故情况下，中性点位移电压（即对地电压）不超过下列数值：①补偿网络正常，消弧线圈长期运行，中性点位移电压不超过额定相电压的 15%；②操作过程中，1h 运行中性点位移电压不超过额定相电压的 30%；③补偿网络发生单相接地故障时，中性点位移电压不超过额定相电压的 100%。

5）允许补偿方式。调节消弧线圈的匝数（即分接头），可以改变消弧线圈的补偿方式。对于补偿系统中变压器中性点的消弧线圈，一般采用过补偿运行方式，只有在消弧线圈容量不足，不能满足过补偿运行时，才采用欠补偿运行方式，且操作必须遵守有关的规定。不论是正常还是运行方式改变，消弧线圈不得采用全补偿运行方式。其原因是：全补偿运行时，系统参数和消弧线圈参数满足 $\frac{1}{\omega L} = 3\omega C$，而实际上，系统三相不可能完全对称，系统三相对地电容 C 也不可能完全相等或断路器操作时三相不同期，均使系统中性点对地有一位移电压，由于此时 $X_L = X_C$，在位移电压作用下，使正常运行的补偿网络产生串联谐振过电压；同理，欠补偿运行时，当系统操作切除部分线路，也可能出现 $\frac{1}{\omega L} = 3\omega C$（即 $X_L = X_C$）的情况，同样会引起补偿网络串联谐振过电压。而过补偿不会出现电网串联谐振现象。

6）改变消弧线圈运行台数时，应相应改变继续运行中的消弧线圈分接头位置，以满足改变后运行方式下的调谐电流值。

4. 消弧线圈运行的一般规定

1）消弧线圈运行及操作时，中性点位移电压不超过规定值（见运行方式）。

2）正常运行中，当消弧线圈的端电压超过额定相电压的15%时，不管消弧线圈信号是否动作，都应按接地故障处理，寻找接地点（若为操作某台消弧线圈引起中性点电压位移，而使其他消弧线圈动作除外）。

3）补偿网络正常运行时，消弧线圈必须投入；补偿网络中有操作或有接地故障时，不得停用消弧线圈。由于寻找故障或其他原因，使消弧线圈带负荷运行，应对消弧线圈的上层油温加强监视，其上层最高油温不得超过95℃，带负荷运行时间应不超过铭牌规定，否则应切除故障线路。

4）不允许将一台消弧线圈同时投入两台变压器的中性点运行（包括切换操作）。

5）在进行消弧线圈的起用、停用和调整分接头操作时，操作其隔离开关之前，应查明补偿电网内确无单相接地故障。

6）消弧线圈有故障需立即停用时，不能用隔离开关切除。

7）消弧线圈动作或异常，应及时向调度汇报并记录动作时间、中性点位移电压、电流及三相对地电压。

（二）消弧线路的巡视检查

1. 消弧线圈的运行监视

1）监视消弧线圈的绝缘电压表、补偿电流表及温度表指示应在正常范围内，并定时记录。

2）监视中性点位移电压，应不超过规定值。

3）当补偿网络发生单相接地故障时，值班员应监视各仪表指示值及信号灯的变化，以判断接地发生在哪一相，做好记录并向调度汇报。

2. 消弧线圈运行时的巡视检查

消弧线圈运行时，应定期巡视检查下列项目：

1）油位应正常，油色应透明不发黑。

2）油箱清洁，无渗油、漏油现象。

3）套管及隔离开关的绝缘子应清洁，无破损、无裂纹，防爆门完好。

4）各引线牢固，外壳接地和中性点接地应良好。

5）上层油温不超过85℃（极限值为95℃）。

6）正常运行时应无声音，系统出现接地故障时，消弧线圈有"嗡嗡"声，但无杂音。

7）吸湿器内的吸潮剂不应潮解。

8）接地指示灯及信号装置应正常。

9）气体继电器内无空气，有空气应放尽。

3. 消弧线圈动作后的巡视检查与处理

运行中的消弧线圈，当补偿网络发生单相接地、串联谐振，或中性点位移电压超过整定值时，则消弧线圈动作（带负荷运行）。消弧线圈动作时有以下现象：警铃响及消弧线圈动作光字牌亮；中性点位移电压表及补偿电流表指示值增大；消弧线圈本体指示灯亮；单相接地时，绝缘监视电压表指示接地相电压为零或接近于零，未接地相电压大于相电压或为线电压。

消弧线圈动作后应进行下述检查和处理：

1）检查仪表指示、继电保护和信号装置动作情况。

2）巡视检查母线、配电装置、消弧线圈及其所连接的变压器。

3）确认消弧线圈动作无误后，向系统调度员汇报。报告接地相别、接地性质（永久性、瞬间性及间歇性）、仪表指值、继电保护和信号装置动作情况。

4）检查、监视消弧线圈上层油温，若油温超过极限值95℃，并超过允许运行时间，则按消弧线圈故障进行处理。

5）查找系统接地故障。消弧线圈动作后，允许运行2h，在允许运行时间内，查找系统接地故障点和处理接地故障，不得进行消弧线圈隔离开关的操作。

6）若消弧线圈动作后，消弧线圈本体有故障，则按消弧线圈故障进行处理。

7）监视各表计指示变动情况，并做好记录。

七、电抗器的正常运行和巡视检查

（一）电抗器的作用

电抗器按其用途可分为并联电抗器（补偿电抗器）和串联电抗器（限流电抗器），它们是电力系统中的重要设备。

并联电抗器并联接在高压母线或高压输电线路上。它是一个带间隙铁心（或空心）的线性电感线圈，铁心和线圈浸泡在盛有变压器油的油箱中。因此，它是采用油冷却的、外形似变压器的油浸电抗器。

串联电抗器串联接在高压电路中，它是一个不带铁心（即空心）的线性电感线圈。串联电抗器的线圈绕在干燥的、表面涂有漆的水泥支柱上，水泥支柱用支柱绝缘子与地绝缘，摆放在室内。因此，它是一个用空气冷却的干式电抗器。

并联电抗器和串联电抗器的作用分述如下：

1. 并联电抗器的作用

1）抑制工频电压的升高。超高压输电线路一般距离较长，可达数百公里，由于线路采用分裂导线，线路的相间和对地电容均很大，在线路带电的状态下，线路相间和对地电容中产生相当数量的容性无功功率（即充电功率），且与线路的长度成正比，其数值可达200～300kvar。大量容性功率通过系统感性元件（发电机、变压器、输电线路）时，末端电压将要升高，即所谓"容升"现象。在系统为小运行方式时，这种现象尤为严重。在超高压输电线路上并联接入并联电抗器后，可明显抑制线路末端工频电压的升高。

2）降低操作过电压。操作过电压产生于断路器的操作，当系统中用断路器接通或切除部分电气元件时，在断路器的断口上会出现操作过电压，它往往是在工频电压升高的基础上出现的，如甩负荷、单相接地等均会引起工频电压的升高，当断路器切除接地故障，或接地故障切除后重合闸时，又引起系统操作过电压，工频电压升高与操作过电压叠加，使操作过电压更高。所以，工频电压升高的程度直接影响操作过电压的幅值。加装并联电抗器后，可抑制工频电压升高，从而降低了操作过电压的幅值。

当开断带有并联电抗器的空载线路时，被开断线路上的剩余电荷沿着电抗器泄入大地，使断路器断口上的恢复电压由零缓慢上升，大大降低了断路器断口发生重燃的可能性，因此降低了工频电压的升高，故降低了操作过电压。

3）避免发电机带空载长线路出现自励过电压。当发电机经变压器带空载长线路起动时，空载发电机全电压向空载线路合闸，发电机带线路运行时线路末端甩负荷等，都将形成较长时间的发电机带空载线路运行，于是形成了一个 LC 电路，当空长线电容 C 的容抗值 X_C 合适时（即 $2X_C = X_d + X_q$），能导致发电机自励磁（即 LC 回路满足谐振条件，产生串联谐振）。

自励磁会引起工频电压升高，其值可达 $1.5 \sim 2.0$ 倍的额定电压，甚至更高，它不仅使得并网时的合闸操作（包括零起升压）成为不可能，而且，其持续发展也将严重威胁网络中电气设备的安全运行。并联电抗器能大量吸收空载长线路上的容性无功功率，从而破坏了发电机的自励磁条件。

4）有利于单相自动重合闸。为了提高运行可靠性，超高压电网中常采用单相自动重合闸，即当线路发生单相接地故障时，立即断开该相线路，待故障处电弧熄灭后再重合该相。由于超高压输电线路线间电容和电感（互感）很大，故障相断开短路电流后，非故障相电源（电源中性点接地）将经这些电容和电感向故障点继续提供电弧电流（即潜供电流），使故障处电弧难以熄灭。如果线路上并联三相星形接线的电抗器，且星形接线的中性点经小电抗器接地，就可以限制或消除单相接地处的潜供电流，使电弧熄灭，有利于重合闸成功。这时的小电抗器相当于消弧线圈。

2. 串联电抗器的作用

1）限制短路电流。在大容量的发电厂和电力系统中，短路电流可能达到很大的数值，以致必须选用重型设备，甚至无法选用设备。当系统中采用了限流电抗器后，可使短路电流减小，从而能够选用轻型设备和截面积较小的母线和电缆。

2）保持母线具有较高的残余电压。当母线与母线之间、母线的出线上装有限流电抗器时，若相邻母线或母线出线的电抗器线路侧发生短路，则非故障母线上可以保持一定的残余电压，使非故障母线上的设备仍能运行，从而提高了系统运行的稳定性。

（二）电抗器的允许运行方式

1. 并联电抗器的正常运行方式

1）允许温度和温升。采用 A 级绝缘材料的并联电抗器，其油箱上层油温一般不超过 85℃，最高不超过 95℃。运行时的允许温升为：绕组温升不超过 65℃，上层油温升不超过 55℃，铁心本体、油箱及结构件表面温升不超过 80℃。当上层油温度达到 85℃ 时报警，105℃ 时跳闸。

2）允许电压和电流。并联电抗器运行时，一般按不超过铭牌规定的额定电压和额定电流长期连续运行。运行电压的允许变化范围为：额定值的 ±5%。当运行电压超过额定值时，在不超过允许温升的条件下，电抗器过电压允许运行时间应遵守表 3-13 的规定，当行电压低于 $0.95U_N$ 时，应考虑退出部分并联电抗器运行，以保证系统的电压水平。

表 3-13　550kV 并联电抗器最大允许过电压时间

过电压倍数（U/U_N）	1.05	1.12	1.14	1.16	1.18	1.28	1.45	1.5
最大允许时间	连续	60min	20min	10min	3min	20s	8s	6s

3）直接并联接在线路上的电抗，线路与并联电抗器必须同时运行，不允许线路脱离电抗器运行。

2. 串联电抗器的正常运行方式

1）运行电压一般不超过铭牌规定的额定电压，运行电压的允许变化范围为额定值的±5%。

2）运行电流一般不超过铭牌规定的额定电流，电抗器不得长时间超过额定电流运行。

3）电抗器的绝缘电阻用 2500V 绝缘电阻表测量，其值不低于 $1M\Omega/1kV$ 且不低于前次测量值的 30%。

4）分列电抗器运行时，两臂的负荷基本相等，且两臂负荷变化小，不得单臂运行。

5）电抗器运行的环境温度不超过 35℃。

（三）电抗器的巡视检查

1. 并联电抗器的运行维护

（1）正常巡视检查

1）检查并记录油箱上层油温度、环境温度和负荷（无功负荷），上层油温度不超过 85℃，校核温升不超过允许值。

2）检查电抗器储油柜油位、油色正常（各电抗器相互比较），油温与油位的对应关系符合要求；各套管油位指示正确，无明显变化。

3）检查电抗器油箱无渗、漏（如本体密封处、阀门、表计、气体继电器、套管、法兰连接处、冷却器等）。

4）检查套管有无破裂损伤、有无严重污垢、有无放电现象、电晕是否严重。

5）检查电气接头，应接触良好，无异常和明显过热现象。

6）检查呼吸器内硅胶颜色变红的程度，变红 2/3 以上应更换。

7）检查压力释放装置，应无喷油现象。

8）检查电抗器本体，应无异常噪声和振动。

（2）特殊巡视检查

1）每次跳闸后应进行检查。

2）电抗器过电压和异常运行，每小时至少检查一次。

3）天气异常和雷雨后应进行检查。

2. 串联电抗器的运行维护

（1）正常巡视检查

1）检查电抗器本体应清洁无污垢，线圈无变形。

2）检查电抗器室内应清洁、无杂物，尤其应无磁性杂物存在（电抗器外部短路时，短路电流大、磁场强、磁性物体易吸入至电抗器绕组上，使电抗器损坏）。

3）检查水泥支柱，应完整无裂纹、油漆无脱落；检查电抗器支柱绝缘子，应无裂纹、无破损、无放电痕迹、无倾斜不稳，地面完好无开裂下沉。

4）检查电抗器的换位处接线，应良好，且接头无过热现象。

5）检查电抗器室内，通风设备应完好，无漏水现象，门栅关闭良好。

6）检查电抗器的噪声和振动无异常，无放电声及焦臭味。

（2）特殊巡视检查　每次发生短路故障后，检查电抗器是否有位移，水泥支柱有无破碎，支柱绝缘子是否有破损，引线有无弯曲，有无放电及焦臭味。

八、电力电缆的正常运行和巡视检查

电缆绝大部分都敷设于地下。与架空线路相比较，电力电缆具有成本高、敷设后寻找故障点困难及修复时间长等缺点。因此，对电力电缆的维护和防止电力电缆事故显得相当重要。

（一）电力电缆的允许运行方式

1）运行电压。运行电压一般不超过额定电压，最高运行电压不超过额定值的 15%。

2）运行电流。运行电流一般不超过额定电流。在负荷紧张或事故情况下，允许过负荷运行。

3）运行温度。电缆运行时，铝芯及铜芯电缆线芯及电缆皮的最高允许温度不超过表 3-14 的规定。

表 3-14　铝芯及铜芯电缆线芯及电缆皮的最高允许温度

电缆额定电压/kV	≤3	10	110
电缆皮温度/℃	60	45	
电缆线芯温度/℃	80	60	75

4）绝缘电阻。电缆线路投入运行前应测量其绝缘电阻。低压电缆用 500V 绝缘电阻表测量，其绝缘电阻不低于 0.5MΩ；高压电缆用 2500V 的绝缘电阻表测量，其绝缘电阻不低于 1MΩ/kV。

（二）电力电缆的巡视检查

1. 运行监视

电力电缆运行时，通过电流表、电压表监视其运行电流、电压不超过规定值。通过测温计测量电缆的外皮温度。外皮运行温度不超过规定值。

2. 巡视检查

1）电缆头的检查。电缆头应清洁，无渗、漏油，无发热、放电现象，引出线紧固可靠、无松动、断股现象。户外电缆头在冬季应无挂冰。

2）检查引线接头。引线接头无过热变色、烧熔现象。

3）检查电缆外皮。电缆外皮完好无机械损伤，无腐蚀，接地良好，无过热（夏季或最大负荷时，在电缆排列最密集的地方测量外皮温度），无渗、漏油现象。

4）检查电缆支架。支架应牢固，无松动，无锈蚀。

5）检查电缆运行环境。电缆附近无易燃物、腐蚀物，电缆沟（或廊道）内无积水、无污染物，电缆沟盖板应完好，并应盖好。

思 考 题

1. 解释发电机额定运行方式、允许运行方式的含义。

2. 发电机励磁系统检查与维护的内容有哪些？

3. 为什么要限制变压器的允许温升和允许温度？

4. 发电机正常运行时主要监视哪些内容？

5. 简述变压器的正常允许过负荷和事故过负荷的含义。

6. 电动机的运行方式有哪些？正常运行时主要检查的项目有哪些？

项目四　设备异常及事故处理

➤ 项目教学目标
◆ 知识目标
掌握发电机、变压器、电动机、高压断路器、母线、隔离开关、互感器、消弧线圈、电抗器、电力电缆的异常现象及事故处理方法。

能正确理解电动机铭牌信息。

◆ 技能目标
熟练掌握发电机、变压器、电动机、高压断路器、母线、隔离开关、互感器、消弧线圈、电抗器、电力电缆的事故处理步骤，并能进行正确的设备故障处理。

任务一　发电机的异常运行及处理

所谓异常运行，就是指机组脱离正常的运行状态，在运行中机组的某些参数失调，但未造成严重后果的运行状态。机组发生异常运行时，通常会发出相应的故障信号，有关仪表也会有指示。运行人员可根据这些指示和信号，分析并消除故障，使机组恢复正常运行。如果故障不能消除，而且有危及机组安全的发展趋势，则应停机处理。现将常见的异常运行情况介绍如下。

一、发电机过负荷

（一）现象
1）定子电流指示超过额定值。
2）有功表、无功表指示超过额定值。

（二）原因
系统发生短路故障、发电机失步运行、成群电动机起动和强行励磁等情况下，发电机的定子或转子都可能短时过负荷。

（三）处理方法
（1）系统故障　监视发电机各部分温度不超限，定子电流为额定值。

（2）系统无故障，单机过负荷，系统电压正常。

1）降低无功功率，使定子电流降到额定值以内，但功率因数不超过 0.95，定子电压不低于 0.95 倍额定电压。留意定子电流达到答应值所经过的时间，不应超过规定值。

2）若降低无功功率不能满足要求，则请示值长降低有功功率。

3）若 AC 励磁调节器通道故障引起定子过负荷，应将 AC 调节器切至 DC 调节器运行。

4）加强对发电机端部、集电环和换向器的检查。如有可能，应加强冷却，降低发电机进口风温，发电机、变压器组增开油泵、风扇等。

5）过负荷运行时，应密切监视定子绕组，空冷器前后的冷、热风温度和机组振动摆度是否超过答应值，并作好具体的记录。

二、发电机三相电流不平衡

（一）现象

1）定子三相电流指示互不相等，三相电流差较大，负序电流指示值也增大。

2）当不平衡超限且超过规定运行时间时，负序信号装置发出"发电机不对称过负荷"信号。

3）造成转子的振动和发热。

（二）原因

1）发电机及其回路一相断开或断路器一相接触不良。

2）某条送电线路非全相运行。

3）系统单相负荷过大，如有容量巨大的单相负载。

4）定子电流表或表计回路故障也会使定子三相电流表指示不对称。

（三）处理方法

当发电机三相电流不平衡超限运行时，若判明不是表计回路故障引起，应立即降低机组的负荷，使不平衡电流降到答应值以下，然后向系统调度汇报。等三相电流平衡后，再根据调度命令增加机组负荷。水轮发电机的三相电流之差，不得超过额定电流的20%，同时任何一相的电流，不得大于其额定值。水轮发电机答应担负的负序电流，不得大于额定电流的12%。

三、发电机温度异常

（一）现象

发电机绕组或铁心温度比正常值明显升高或超限，发电机各轴承温度比正常值明显升高或超限。

（二）原因

1）检测元件故障。

2）冷却系统故障：冷却水压不够，冷却水量不足，管路堵塞、破裂或阀芯脱落。

3）三相电流不平衡超限引起温度升高。

4）发电机过负荷。

5）冷却油盆的油量不足或冷却水管破裂，导致冷却油盆混入冷却水。

（三）处理

1）判定是否为表计或测点故障，是则通知维护处理，并将故障测点退出，密切监视其他测点的温度。

2）若表计或测点指示正确，温度又在急剧上升，则减负荷使温度降到额定值以内，否则停机处理。

3）检查三相电流是否平衡，不平衡电流是否超限，若超限则按三相不平衡电流进行处理。

4）检查三相电压是否平衡，功率因数是否在正常范围以内，若不符合要求则调整至正常。

5）判定是否为冷却水故障引起，若冷却水温升高，则应检查和调节冷却水的流量、压力至正常范围内。

6）若为过负荷引起，按过负荷方式进行处理。

7）若为冷却水管破裂，则封闭相应阀门，停机处理。

8）运行中，若定子铁心部分温度普遍升高，应检查定子三相电流是否平衡、进风温度和出风温差、空冷器的冷却水是否正常，采取相应的措施进行处理。在以上处理过程中，应控制定子铁心温度不得超过答应值，否则减负荷停机。

9）运行中，若定子铁心个别温度忽然升高，应分析该点温度上升的趋势及与有功、无功负荷的变化关系，并检查该测点是否正常。若随着铁心温度，进、出风温差的明显上升，又出现"定子接地"信号时，应立即减负荷解列停机，以免铁心烧坏。

10）运行中，若定子铁心个别温度异常下降，应加强对发电机本体、空冷小室的检查和温度的监视，综合各种外部迹象和表计、信号进行分析以判定是否是发电机转子或定子漏水所致。

四、发电机仪表指示失常

（一）现象：上位机显示的各种参数忽然失去指示或指示异常。

（二）原因及处理

1）测点故障或端子松动。

2）上位机与 LCU 或 LCU 与 PLC 的通信故障：将机组切至现地控制，并通知维护人员进行处理。

3）电压互感器二次侧断线：如有功定子电压表、无功定子电压表、频率表等表计因电压互感器二次侧断线失去指示，电能表也因此停止计量，而其他表计，如定子电流、转子电流、转子电压、励磁回路有关表计仍指示正常，此时，运行人员应根据所有表计指示情况作综合分析，判定指示不正常的原因。不可因上述表计指示不正常而盲目解列停机，也不能盲目调节负荷，应通过其他表计监视发电机的运行，并通知维护人员进行处理。

4）电流互感器二次侧开路引起表计指示不正常：如一相开路，其定子电流表、有功表、无功表均可能指示不正常。具体情况和程度与电流互感器的故障相别有关。出现电流互感器二次侧开路后，应立即通知值班人员，不要盲目调节负荷。处理过程中，应加强对发电机运行工况的监视，并防止电流互感器二次侧开路高压对人的伤害。

五、发电机进相运行

当发电机励磁系统由于 AVR 的原因或故障，或人为降低发电机的励磁电流过多，使发电机由发出感性无功功率变为吸收系统感性无功功率，定子电流由滞后于机端电压变为超前于机端电压运行，这就是发电机的进相运行。进相运行也是现场经常提到的欠励磁运行（或低励磁运行）。此时，由于转子主磁通降低，引起发电机的励磁电动势降低，使发电机无法向系统送出无功功率，进相程度取决于励磁电流的降低程度。

（一）引起发电机进相运行的原因

1）低谷运行时，发电机无功负荷原已处于低限，当系统电压因故忽然升高或有功负荷增加时，励磁电流自动降低引起进相（有功功率增加，功率因素增大，无功功率减小使励磁电流减小）。

2）AVR 失灵或误动、励磁系统其他设备发生了故障、人为操纵使励磁电流降低较多等也会引起进相运行。

（二）发电机进相运行的处理

1）假如由于设备原因引起进相运行，只要发电机尚未出现振荡或失步，可适当降低发电机的有功负荷，同时进步励磁电流，使发电机脱离进相状态，然后查明励磁电流降低的原因。

2）由于设备原因不能使发电机恢复正常运行时，应及早解列。机组进相运行时，定子铁心端部容易发热，对系统电压也有影响。

3）制造厂答应或经过专门试验确定能进相运行的发电机，如系统需要，在不影响电网稳定运行的条件下，可将功率因数进步到 1 或在答应进相状态下运行。此时，应严密监视发电机运行工况，防止失步，尽早使发电机恢复正常。还应留意对高压厂用母线电压的监视，保证其安全。

任务二 发电机的故障及处理

一、发电机定子单相接地

发电机定子接地是指发电机定子绕组回路及与定子绕组回路直接相连的一次系统发生的单相接地短路。定子接地按接地时间长短可分为瞬时接地、断续接地和永久接地；按接地范围可分为内部接地和外部接地；按接地性质可分为金属性接地、电弧接地和电阻接地；按接地的原因可分为真接地和假接地。

（一）定子接地的原因

1）小动物引起定子接地。如老鼠窜入设备，使发电机一次回路的带电导体经小动物接地，造成瞬时接地报警。

2）定子绕组绝缘损坏。除了绝缘老化方面的原因，主要还有各种外部原因引起的绝缘损坏，如定子铁心叠装松动、绝缘表面落上导电性物体（如铁屑）、绕组线棒在槽中固定不紧等，在运行中产生振动使绝缘损坏。制造发电机时，线棒绝缘留有局部缺陷，运转时转子零件飞出，定子端部固定零件绑扎不紧，定子端部接头开焊等因素均能引起绝缘损坏。

3）定子绕组引出线回路的瓷绝缘子受潮或脏物引起定子回路接地。

4）水冷机组漏水及内冷却水电导率严重超标，引起接地报警。

5）发电机变压器组（简称发变组）单元接线中，主变压器低压绕组或高压厂用变压器高压绕组内部发生单相接地，都会引发定子接地报警信号。

发电机带开口三角形绕组的电压互感器高压熔断器熔断时，也会发出定子接地报警信号，这种现象通常称为"假接地"。

（二）定子接地的现象及其判断

当发电机定子绕组及与定子绕组直接连接的一次回路发生单相接地或发电机电压互感器高压熔断器熔断时，均发出"定子接地"光字牌报警信号，按下发电机定子绝缘测量按钮，

"定子接地"电压表出现零序电压指示。

发电机发出"定子接地"报警后，运行人员应判别接地相别和真、假接地。判别的方法是：当定子一相接地为金属性接地时，通过切换定子电压表可测得接地相对地电压为零，非接地相对地电压为线电压，各线电压不变且平衡。按下定子绝缘测量按钮，"定子接地"电压表指示为零序电压值，其值应为100V。如果一点接地发生在定子绕组内部或发电机出口且为电阻性，或接地发生在发变组主变压器低压绕组内，切换测量定子电压表，测得的接地相对地电压大于零而小于相电压，非接地相对地电压大于相电压而小于线电压，"定子接地"电压表指示小于100V。

当发电机电压互感器高压侧一相或两相熔断器熔断时，其二次侧开口三角形绕组端电压也要升高。如 U 相熔断器熔断，发电机各相对地电压未发生变化，仍为相电压，但电压互感器二次电压测量值因 U 相熔断器熔断发生了变化，即 U_{UV}、U_{WU} 降低，而 U_{VW} 仍为线电压（线电压不平衡），各相对地电压 U_{U0}、U_{W0} 接近相电压，U_{U0} 明显降低（相对地无电压升高），"定子接地"电压表指示为100/3V，发出"定子接地"光字牌信号（假接地）。

综上所述，真、假接地的根本区别在于：真接地时，定子电压表指示接地相对地电压降低（或等于零），非接地相对地电压升高（大于相电压但不超过线电压），而线电压仍平衡；假接地时，相对地电压不会升高，线电压也不平衡。这是判断真、假接地的关键。

（三）发电机定子接地的处理

对于中性点不接地或中性点经消弧线圈接地的发电机（200MW 及以下），当发生单相接地时，接地电流均不超过允许值（2～4A），故可继续运行，并查找和处理接地故障。若判明接地点在发电机内，应立即减负荷停机；若接地点在机外，运行时间不应超过 2h。对于中性点经高电阻接地的发电机（200MW 及以上），当发生单相接地时，接地保护一般作用于跳闸，动作跳闸待机停转后，通过测量绝缘电阻，找出故障点。这是考虑接地点发生在发电机内部时，接地电弧电流易使铁心损坏，对大机组来说，铁心损坏不易修复。另外，接地电容电流能使铁心熔化，熔化的铁心又会引起损坏区扩大，使有效铁心"着火"，由单相短路发展为相间短路。

由上所述，当接到"定子接地"报警后，若判明为真接地，应检查发电机本体及所连接的一次回路，如果接地点在发电机外部，应设法消除。例如，将厂用电倒为备用电源供电，观察接地是否消除。如果接地无法消除，应在规定时间内停机。如果查明接地点在发电机内部，应立即减负荷解列停机，并向上级调度汇报。如果现场检查不能发现明显故障，但"定子接地"报警又不消失，应视为发电机内部接地，必须停机检查处理。

若判明为假接地，应检查并判明发电机电压互感器熔断器熔断的相别，视具体情况，带电或停机更换熔断器。如果带电更换熔断器，应做好人身安全措施和防止继电保护误动的措施。

二、发电机转子接地

发电机转子接地分转子一点接地和两点接地，另外还会发生转子层间和匝间短路故障。与定子接地一样，转子接地有瞬时接地、断续接地、永久接地之分，也有内部接地和外部接地、金属性接地和电阻性接地之分。

（一）转子接地的原因

工作人员在励磁回路上工作时，因不慎误碰或其他原因造成转子接地；转子集电环、槽及槽口、端部、引线等部位绝缘损坏；长期运行绝缘老化，因杂物或振动使转子部分匝间绝缘垫片位移，将转子通风孔局部堵塞，使转子绕组绝缘局部过热老化引起转子接地；鼠类等小动物窜入励磁回路，定子进出水支路绝缘引水管破裂漏水，励磁回路脏污等引起转子接地。

（二）转子一点接地的现象及处理

发电机发生转子一点接地时，中央信号警铃响，"发电机转子一点接地"光字牌亮，表计指示无异常。

转子回路一点接地时，因一点接地不形成电流回路，故障点无电流通过，励磁系统仍保持正常状态，故不影响机组的正常运行。此时，运行人员应检查"转子一点接地"光字牌信号是否能够复归。若能复归，则为瞬时接地；若不能复归，通知检修人员检查转子一点接地保护是否正常。若正常，则可利用转子电压表通过切换开关测量正、负极对地电压，鉴定是否发生了接地。如发现某极对地电压降到零，另一极对地电压升至全电压（正、负极之间的电压值），说明确实发生了一点接地。运行人员应按下述步骤处理：

1）检查励磁回路是否有人工作，如是工作人员引起，应予以纠正。

2）检查励磁回路各部位有无明显损伤或因脏污接地，若因脏污接地应进行吹扫。

3）对有关回路进行详细外部检查，必要时轮流停用整流柜，以判明是否由于整流柜直流回路接地引起。

4）检查区分接地是在励磁回路还是在测量保护回路。

5）若转子接地为一点稳定金属性接地，且无法查明故障点，除加强监视机组运行外，在取得调度同意后，将转子两点接地保护作用于跳闸，并申请尽快停机处理。

6）转子带一点接地运行时，若机组又发生欠励磁或失步，一般可以认为转子接地已发展为两点接地，这时转子两点接地保护动作跳闸，否则应立即人为停机。对于双水内冷机组，在转子一点接地时又发生漏水，应立即停机。

（三）转子两点接地或层间短路的现象及处理

当转子发生两点接地时，转子电流表指示剧增，转子和定子电压表指示降低，无功表指示明显降低，功率因数提高甚至进相，"转子一点接地"光字牌亮，警铃响，机组振动较大，严重时可能发生失步或失磁保护动作跳闸。

由于转子两点接地时，转子电流增大很多，会造成励磁回路设备过热甚至损坏。如果其中一接地点发生在转子绕组内部，部分转子绕组也要出现过热。另外，转子两点接地使磁场的对称性遭到破坏，故机组产生强烈振动，特别是两点接地时除发生刺耳的尖叫声外，发电机两端轴承间隙还可能向外喷带火苗的黑烟。为此，发电机发生转子两点接地时，应立即紧急停机。如果"转子一点接地"光字牌未亮，由于转子层间短路引起机组振动超过允许值或转子电流明显增大时，应立即减小负荷，使振动和转子电流减少至允许范围。经处理无效时，根据具体情况申请停机或打闸停机。

三、发电机的非同期并列

在不满足同期条件时，人为操作或借助自动装置操作将发电机并入系统，这种并列操作称非同期并列。非同期并列是发电厂电气操作的恶性事故之一,非同期并列对发电机及系统都会造成严重后果。非同期并列时,由于合闸冲击电流很大,机组产生剧烈振动,会使待并发电机绕组变形、扭弯、绝缘崩裂,定子绕组并头套熔化,甚至将定子绕组烧毁。特别是大容量机组与系统非同期并列,将造成对系统的冲击,引起该机组与系统间的功率振荡,危及系统的稳定运行。因此,必须防止发电机的非同期并列。

(一)非同期并列的现象

发电机非同期并列时,发电机定子产生巨大的电流冲击,定子电流表剧烈摆动,定子电压表也随之摆动,发电机发生剧烈振动,发出轰鸣声,其节奏与表计摆动相同。

(二)非同期并列的处理

发电机的非同期并列应根据事故现象正确判断处理。当同期条件相差不悬殊时,发电机组无强烈的振动和轰鸣声,且表计摆动能很快趋于缓和,则机组不必停机,机组会很快被系统拉入同步,进入稳定运行状态。若非同期并列对发电机产生很大的冲击和引起强烈的振动,表计摆动剧烈且不衰减时,应立即解列停机,待试验检查确认机组无损坏后,方可重新起动开机。

四、发电机的失磁

同步发电机失去直流励磁,称为失磁。发电机失磁后,经过同步振荡进入异步运行状态,发电机在异步运行状态下,以低转差率 s 与电网并列运行,从系统吸取无功功率建立磁场,向系统输送一定的有功功率,是一种特殊的运行方式。

(一)发电机失磁的原因

引起发电机失磁的原因有励磁回路开路,如自动励磁开关误跳闸、励磁调节装置的自动开关误动;转子回路断线,即励磁机电枢回路断线,励磁机励磁绕组断线;励磁机或励磁回路元器件故障,如励磁装置中元器件损坏,励磁调节器故障,转子集电环、电刷环火或烧断;转子绕组短路;失磁保护误动和运行人员误操作等。

(二)发电机失磁运行的现象

1)中央音响信号动作,"发电机失磁"光字牌亮。

2)转子电流表的指示等于零或接近于零。转子电流表的指示与励磁回路的通断情况及失磁原因有关:若励磁回路开路,转子电流表指示为零;若励磁绕组经灭磁电阻或励磁机电枢绕组闭路,或 AVR、励磁机、硅整流装置故障,转子电流表有指示。但由于励磁绕组回路流过的是交流(失磁后,转子绕组感应出转差频率的交流),故直流电流表有很小的指示值。

3)转子电压表指示异常。在发电机失磁瞬间,转子绕组两端可能产生过电压(励磁回路高电感而致);若励磁回路开路,则转子电压降至零;若转子绕组两点接地短路,则转子电压指示降低;转子绕组开路,转子电压指示升高。

4)定子电流表指示升高并摆动。升高的原因是由于发电机失磁运行时,既向系统送出有功功率,又要从系统吸收无功功率以建立机内磁场,且吸收的无功功率比原来送出的无功功率要大,使定子电流加大。摆动是由转矩的交变引起的。发电机失磁后异步运行时,转子上感应出差频交流电流,该电流产生的单相脉动磁场可分解为正向和反向旋转磁场,其中反向旋转磁场与定子磁场作用,对转子产生起制动作用的异步转矩;正向旋转磁场与定子磁场作用，产生交变的异步转矩。由于电流与转矩成正比，所以转矩的变化引起电流的脉动。

5）定子电压降低且摆动。发电机失磁时，系统向发电机送出无功功率，因定子电流比失磁前增大，故沿回路的电压降增大，导致机端电压下降。电压摆动是由定子电流摆动引起的。

6）有功表指示降低且摆动。有功功率输出与电磁转矩直接相关。发电机失磁时，由于原动机的转矩大于电磁转矩，转速升高，汽轮机调速器自动关小汽门，这样，驱动转矩减小，输出有功功率也减小，直到原动机的驱动转矩与发电机的异步转矩平衡时，调速器停止动作。发电机的有功功率输出稳定在小于正常值的某一数值。摆动的原因也是由于存在交变异步功率造成的。

7）无功表指示为负值，功率因数表指示进相。发电机失磁进入异步运行后，相当于一个转差率为 s 的异步发电机，一方面向系统送出有功功率，另一方面从系统吸收大量的无功功率用于励磁，所以发电机的无功表指示负值，功率因数表指示进相。

（三）发电机失磁运行的影响及应用条件

发电机失磁运行的影响为：

1）发电机失磁后，从系统吸收无功功率，造成系统的无功功率严重缺额，造成系统电压下降，这不仅影响失磁机组厂用电的安全运行，还可能引起其他发电机的过电流。更严重的是电压下降，降低了其他机组的功率极限，可能破坏系统的稳定，还可能因电压崩溃造成系统瓦解。

2）对失磁机组的影响。发电机失磁运行时，使定子电流增大，引起定子绕组温度升高；使机端漏磁增加，端部铁心、构件因损耗增加而发热，温度升高；由于失磁运行，在转子本体中感应出的差频交流电流产生损耗而发热，并引起转子局部过热；由于转子的电磁不对称产生的脉动转矩将引起机组和基础的振动。

根据上述不良影响。允许发电机失磁运行的条件是：

1）系统有足够的无功电源储备。通过计算，应能确认发电机失磁后要保证电压不低于额定值的90%，这样才能保证系统的稳定。

2）定子电流不超过发电机运行规程所规定的数值，一般不超过额定值的1.1倍。

3）定子端部各构件的温度不超过允许值。

4）转子损耗：外冷式发电机不超过额定励磁损耗；内冷式发电机不超过0.5倍额定励磁损耗。

（四）发电机失磁运行的处理

由于不同电力系统的无功功率储备和机组类型不同，有的发电机允许失磁运行，有的则不允许失磁运行，因此，处理的方式也不同。

对于汽轮发电机（如100MW汽轮机组），经大量失磁运行试验表明，在30s内将发电机的有功功率减至额定值的50%，可继续运行15min；若将有功功率减至额定值的40%，可继续运行30min。但对无功功率储备不足的电力系统，考虑电力系统电压水平和系统稳定，不允许某些容量的汽轮发电机失磁运行。

对于调相机和水轮发电机，无论系统无功功率储备如何，均不允许失磁运行。因调相机本身是无功电源，失去励磁就失去了无功调节的作用。而水轮发电机的转子为凸极转子，失磁后，转子上感应的电流很小，产生的异步转矩小，故输出有功功率也小，失磁运行基本没有实际意义。

（1）不允许发电机失磁运行的处理步骤

1）根据表计和信号显示，尽快判明失磁原因。

2）失磁机组可利用失磁保护带时限动作于跳闸。若失磁保护未动作，应立即手动将机组与系统解列。

3）若失磁机组的励磁可切换至备用励磁，且其余部分仍正常，在机组解列后，可迅速切换至备用励磁，然后将机组重新并网。

4）在进行上述处理的同时，应尽量增加其他未失磁机组的励磁电流，以提高系统电压稳定能力。

5）严密监视失磁机组的高压厂用母线电压，在条件允许且必要时，可切换至备用电源供电，以保证该机组厂用电的可靠性。

（2）允许发电机失磁运行的处理步骤

1）发电机失磁后，若发电机为重载，在规定的时间内，将有功功率减至允许值（降低对系统和厂用电的影响）；若发电机为轻载，则不必减小有功功率；在允许运行时间内，查找机组失磁的原因。

2）增加其他机组的励磁电流，维持系统电压。

3）监视失磁机组的定子电流，应不超过 1.1 倍额定电流，定子电压应不低于 0.9 倍额定电压，并同时监视定子端部温度。

4）在允许运行时间内，设法迅速恢复励磁电流。如果 AVR 不能正常工作，应切换至备用励磁装置。

5）如果在允许继续运行的时间内不能恢复励磁，应将失磁发电机的有功功率转移至其他机组，然后解列。

五、发电机的振荡和失步

同步发电机正常运行时，定子磁极与转子磁极之间可看成有弹性的磁力线联系。当负载增加时，功角将增大，这相当于把磁力线拉长；当负载减小时，功角将减小，这相当于磁力线缩短。当负载突然变化时，由于转子有惯性，转子功角不能立即稳定在新的数值，而是要在新的稳定值左右经过若干次摆动，这种现象称为同步发电机的振荡。

振荡有两种类型：一种是振荡的幅度越来越小，功角的摆动逐渐衰减，最后发电机稳定在某一新的功角下，仍以同步转速稳定运行，称为同步振荡；另一种是振荡的幅度越来越大，功角不断增大，直至脱出稳定范围，使发电机失步，进入异步运行，称为非同步振荡。

（一）发电机振荡或失步时的现象

1）定子电流表指示超出正常值，且往复剧烈摆动。这是因为各并列电动势间的夹角发生了变化，出现了电动势差，使发电机之间流过环流。由于转子转速的摆动，使电动势间的夹角时大时小，转矩和功率也时大时小，因而造成环流也时大时小，故定子电流表的指针就来回摆动。这个环流加上原有的负荷电流，其值可能超过正常值。

2）定子电压表和其他母线电压表指针指示低于正常值，且往复摆动。这是因为失步发电机与其他发电机电动势间的夹角在变化，引起电压摆动。因为电流比正常时大，压降也就大，引起电压偏低。

3）有功负荷与无功负荷大幅度剧烈摆动。这是发电机在未失步时的振荡过程中送出的功率时大时小，以及失步时有时送出有功功率、有时吸收有功功率的缘故。

4）转子电压、电流表的指针在正常值附近摆动。发电机振荡或失步时，转子绕组中会感应交变电流，并随定子电流的波动而波动，该电流叠加在原来的励磁电流上，就使得转子电流表指针在正常值附近摆动。

5）频率表忽高忽低地摆动。振荡或失步时，发电机的输出功率不断地变化，作用在转子上的转矩也相应变化，因而转速也随之变化。

6）发电机发出有节奏的响声，并与表计指针的摆动节奏合拍。

7）欠电压继电器过负荷保护可能动作报警。

8）在控制室可听到有关继电器发出有节奏的动作和释放的响声，其节奏与表计摆动节奏合拍。

9）水轮发电机调速器平衡表指针摆动；可能有剪断销剪断的信号；压油槽的油泵电动机起动频繁。

（二）发电机振荡和失步的原因

1）静态稳定破坏。这往往是因为运行方式改变，使输送功率超过当时的极限允许功率。

2）发电机与电网联系的阻抗突然增加。这种情况常发生在电网中与发电机联络的某处发生短路，一部分并联元件被切除，如双回线路中的一回被断开，并联变压器中的一台被切除等。

3）电力系统的功率突然发生不平衡。如大容量机组突然甩负荷、某联络线跳闸，造成系统功率严重不平衡。

4）大机组失磁。大机组失磁，从系统吸取大量无功功率，使系统无功功率不足，系统电压大幅度下降，导致系统失去稳定。

5）原动机调速系统失灵。原动机调速系统失灵，造成原动机输入转矩突然变化，功率突升或突降，使发电机转矩失去平衡，引起振荡。

6）发电机运行时电动势过低或功率因数过高。

7）电源间非同期并列未能拉入同步。

（三）单机失步引起的振荡与系统性振荡的区别

1）失步机组的表计指针摆动幅度比其他机组表计的指针摆动幅度要大。

2）失步机组的有功表指针摆动方向正好与其他机组的相反，失步机组有功表的指针摆动可能满刻度，其他机组在正常值附近摆动。

3）系统性振荡时，所有发电机表计指针的摆动是同步的。

（四）发电机振荡或失步的处理

当发生振荡或失步时，应迅速判断是否为本厂误操作所引起，并观察是否有某台发电机发生了失磁。如本厂情况正常，应了解系统是否发生故障，以判断发生振荡或失步的原因。发电机发生振荡或失步的处理如下：

1）如果不是某台发电机失磁引起，则应立即增加发电机的励磁电流，以提高发电机电动势，增加功率极限，提高发电机稳定性。这是由于励磁电流的增加，使定子、转子磁极间的拉力增加，削弱了转子的惯性，在发电机到达平衡点时而拉入同步。这时，如果发电机励磁系统处在强励磁状态，1min 内不应干预。

2）如果是由于单机高功率因数引起，则应降低有功功率，同时增加励磁电流。这样既可以降低转子惯性，也由于提高了功率极限而增加了机组的稳定运行能力。

3）当振荡是由于系统故障引起时，应立即增加各发电机的励磁电流，并根据本厂在系统中的地位进行处理。如本厂处于送端，为高频率系统，应降低机组的有功功率；反之，若本厂处于受端且为低频率系统，则应增加有功功率，必要时采取紧急拉闸措施以提高频率。

4）如果是单机失步引起的振荡，采取上述措施经一定时间仍未进入同步状态时，可根据现场规程规定，将机组与系统解列或按调度要求将同期的两部分系统解列。

以上处理，必须在系统调度的统一指挥下进行。

六、发电机调相运行

同步发电机既可作为发电机运行，也可作为电动机运行。当运行中的发电机因汽轮机危及保安器误动或调速系统故障而导致主汽门关闭时，发电机失去原动力，此时若发电机的横向联动保护或逆功率保护未动作，发电机则变为调相机运行。

（一）发电机变为调相机运行的现象

1）汽轮机盘出现"主汽门关闭"光字牌报警信号。

2）发电机有功表指示为负值，电能表反转。此时，发电机从系统吸取少量有功功率维持其同步运行。

3）发电机无功表指示升高。此时，发电机仅从系统吸取少量有功功率维持空载转动，而发电机的励磁电流未发生变化。由发电机的电压相量图或功率输出 P-Q 特性曲线可知，其功角减小时，功率因数角加大，故无功功率增大。

4）发电机定子电压升高，定子电流减小。定子电流的减小是由于发电机输出有功功率突然消失引起的，虽然输出无功功率增加，并从系统吸取少量有功功率，但定子总的电流仍减小。由于定子电流的减小，电流在定子绕组上的压降减小，故定子电压升高。由于发电机与系统相连，发电机向系统输送的无功功率增加，使发电机的去磁作用增加，定子电压自动降低保持发电机电压与系统电压平衡。

5）发电机励磁回路仪表指示正常，系统频率可能有降低。因励磁系统未发生变化，故励磁回路各表计指示正常。发电机调相运行时，不仅不输出有功功率，还要从系统吸取少量有功功率维持其同步运行。当该发电机占系统总负荷比例较大时，由于系统有功功率不足，会使系统频率下降。

（二）发电机变为调相机运行的处理

发电机变为调相机运行，对发电机本身来说并无危害，但汽轮机不允许长期无蒸汽运行。这是由于汽轮机无蒸汽运行时，叶片与空气摩擦将会造成过热，使汽轮机的排汽温度很快升高，故汽轮发电机不允许持续调相运行。

当汽轮发电机发生调相运行后，逆功率保护应动作跳闸，按事故跳闸处理；若逆功率保护拒动，运行人员应根据表计指示及信号情况迅速作出判断，在 1min 内将机组手动解列，此时应注意厂用电联动正常。若汽轮机能很快恢复，则可再并列带负荷；若汽轮机不能很快恢复，应将发电机操作至备用状态。

水轮发电机组由发电转为调相，或者由调相转为发电方式，在运行上都是允许的而且是很方便的。机组由发电转为调相运行时，一般先将有功负荷减到零，然后导水叶全关，但机组不与系统解列，由电网带动机组旋转，转子继续励磁，从而向系统发送无功功率。机组由停机备用转为调相运行，可按正常程序开机，先使发电机并网空载运行，然后再调节励磁使之调相运行。

担负调相运行的水轮发电机组，为了避免调相运行时水涡轮在水中旋转而造成能量损失，应考虑转轮室的排水方式。通常是向转轮室通入压缩空气以压低转轮室水位。同时，也相应要考虑主轴水封的润滑及冷却方式。

七、发电机断路器自动跳闸

机组正常运行时，由于种种原因可能使发电机与系统相连的断路器自动跳闸，运行人员应正确判断并及时处理，以保证机组安全运行。

（一）断路器自动跳闸的原因

1）继电保护动作跳闸。如机组内部或外部短路故障引起继电保护动作跳闸；发电机因失磁或断水保护动作跳闸；热力系统故障由热机保护联锁使断路器跳闸。

2）工作人员误碰或误操作、继电保护误动作使断路器跳闸。

3）直流系统发生两点接地，造成控制回路或继电保护误动作跳闸。

（二）断路器自动跳闸后的现象

（1）保护正确动作引起的跳闸

1）扬声器响，机组断路器和灭磁开关的位置指示灯闪烁。当机组发生故障时，发电机主断路器、灭磁开关、高压厂用工作分支断路器在继电保护的作用下自动跳闸，各跳闸断路器的绿灯闪烁。高压厂用备用分支断路器被联动自动合闸，备用分支断路器的红灯闪烁。

2）发电机主断路器、高压厂用工作分支断路器、灭磁开关"事故跳闸"光字牌信号报警，有关保护动作光字牌亮。

3）发电机有关表计指示为零。发电机事故跳闸后，其有功表、无功表、定子电流和电压表、转子电流和电压表等表计指示全部为零。

4）在断路器跳闸的同时，其他机组均有异常信号，表计也有相应异常指示。如发电机故障跳闸时，其他机组应出现过负荷、过电流等现象，并出现表计指示大幅度上升或摆动。

（2）人员误碰、保护误动引起的跳闸

1）断路器位置指示灯闪光，灭磁开关仍在合闸位置。

2）发电机定子电压升高，机组转速升高。

3）在自动励磁调节器作用下，发电机转子电压、电流大幅度下降。

4）有功功率、无功功率及其他表计有相应指示。因厂用分支断路器未跳闸，仍带厂用电负荷。

5）其他机组表计无故障指示，无电气系统故障现象。

（三）断路器自动跳闸的处理

（1）保护正确动作的处理

1）发电机主断路器自动跳闸后，应检查灭磁开关是否已经跳闸，若未跳闸应立即断开。

2）发电机主断路器、灭磁开关、高压厂用电源工作分支断路器跳闸后，应检查高压厂用电源工作分支切换至备用分支是否成功。若不成功，应手动合上备用分支断路器（若工作分支断路器未跳闸，应先拉工作分支后合备用分支），以保证机组停机用电的需要。

3）复归跳闸断路器控制开关和音响信号。将自动跳闸和自动合闸断路器的控制开关拧至与断路器的实际位置相一致的位置，使闪光信号停止。按下音响信号的复归按钮，使音响停止。

4）停用发电机的自动励磁调节器（AVR）。

5）调节、监视其他无故障机组的运行工况，以维持其正常运行。

6）检查继电保护动作情况，并作出相应处理。若发电机因系统故障跳闸（如母线差动、失灵保护），应维持汽轮机的转速，并检查发变组一次系统，特别是对断路器和灭磁开关的外部状况进行详细检查。在系统故障排除或经倒换运行方式将故障隔离后，联系调度，将机组重新并入系统；若为发变组内部保护动作跳闸，应立即将与其有关的系统改为冷备用，对发电机、主变压器、高压厂用变压器及有关设备进行检查，并测量绝缘，以查明跳闸原因，确定故障点和故障性质，汇报调度停机检修。待故障排除后重新起动并网。若为失磁保护动作跳闸，应查明原因，对可切换至备用励磁装置运行的机组，可重新并网，否则只能停机，待缺陷消除后再将机组起动并网。

（2）发电机误跳闸的处理

1）发电机保护误动作跳闸。断路器跳闸时，应有继电保护动作信号发出，但机组和系统无故障现象，其他电气设备也无不正常信号。此时，应检查是什么保护误动作引起跳闸。如为后备保护误动作，在征得调度同意后，可将其暂时停用，先将发电机并网，然后消除故障；如为机组主保护误动作引起跳闸，必须查明保护误动的原因，消除误动故障后方可重新并网。发电机断路器自动跳闸后，检查发变组一次系统无异常，检查保护也无异常，经总工程师及调度同意，可对发电机手动零起升压。若升压过程中有异常，应立即停机处理。

2）人为误碰、误操作引起的跳闸。一般情况下，此时灭磁开关仍处于合闸位置，发电机各表计指示为甩负荷现象。此时，应将灭磁开关手动跳闸，在查明确是人为原因引起后，应尽快将机组重新并网运行。

3）因直流系统两点接地引起的误跳闸。这种情况出现前，直流系统往往带一点接地运行，跳闸时可能无故障信号发生，应首先查找并消除直流系统接地故障，然后将机组重新并网。

八、发电机内部爆炸、着火

（一）发电机冒烟着火的主要原因

发生短路故障后的切除时间过长；绝缘击穿形成火花或电弧；绝缘表面脏污造成绝缘损坏，构成故障；承载大电流的接头过热；局部铁心过热，杂散电流引起火花等。

（二）故障现象

发电机内部有强烈爆炸声，两侧端盖处冒烟，有焦臭味；发电机内部氢气压力大幅度波动，出口氢温升高，氢气纯度下降；发电机表计指示可能基本正常，发电机内部保护动作。

（三）处理

保护未动作时，应立即将发电机与系统解列，切除励磁，并按现场规定灭火。为了防止发电机大轴受热不均而弯曲，应维持发电机在10%额定转速左右运行。

任务三 冷却系统的异常运行和故障处理

一、发电机冷却水系统异常运行及故障处理

（一）内冷却水温度、流量异常

1. 异常现象

1）进水温度高。内冷却水进水温度正常时应为 40~45℃。当高于 45℃时，汽轮机盘发出音响信号和"定子冷却水进水温度高"光字牌信号，汽轮机的 DEH 画面显示"水冷却器出水温度不低于 45℃"。

2）进水温度低。当进水温度低于 39℃时，汽轮机盘发出音响信号和"进水温度低"光字牌信号，DEH 画面显示"水冷却器出水温度低于 39℃"。

3）出水温度高。内冷却水出水温度正常时，应不超过 75℃。当高于 75℃时，汽轮机盘发出音响信号和"定子冷却水出水温度高"光字牌信号，汽轮机的 DEH 画面显示"水冷却器入水温度不低于 74℃"。发电机温度巡测表中，定子出水温度高。

4）内冷却水流量低。汽轮机盘发出"定子绕组水流量非常低"光字牌信号，发电机盘可能发出"断水保护动作"光字牌报警，汽轮机盘 DAS 柜面显示"内冷却水泵出水流量不大于 15t/h"（规定值）。

2. 故障处理

1）当定子绕组进水温度高时，应检查水冷却器的冷却水流量是否足够，冷却水压力是否正常，冷却水温度是否过高，冷却水门是否卡死。可适当打开旁路门，调整进水，必要时可投入备用冷却水泵。

2）当定子绕组出水温度高时，应检查定子绕组进水温度是否正常，可按定子绕组进水温度高处理。检查过滤器压差是否足够大，进水门是否全开，检查定子冷却水压是否正常，定子冷却水泵运转是否正常，水流阀门位置是否正确。采取上述措施后仍无效，应降低负荷直至停机。

3）当定子绕组冷却水流量低时，检查定子冷却水的进水压力是否正常；起动备用冷却水泵，调整进水压力，提高流量；检查过滤器是否堵塞，水系统各阀门位置是否正确；检查定子出水温度，若出水温度高，按出水温度高处理；检查液位检测器是否大量漏水，若是，应查明漏水原因并处理。

（二）内冷却水泄漏或中断

1）故障现象：内冷却水泄漏时，汽轮机盘"发电机水系统就地仪表柜报警"光字牌亮，若泄漏严重，汽轮机 DAS 画面上内冷水流量、压力会有异常变化，备用冷却水泵有可能联动。

若内冷却水中断，发出"发电机断水"信号声、光报警，汽轮机盘"发电机水系统就地仪表柜报警"光字牌亮，DAS 柜面上显示"内冷却水泵出口流量不大于 10t/h"，两台内冷却水泵均停运。

2）故障处理：若内冷却水泄漏，运行人员可通过改变运行方式来隔离泄漏点，若无法隔离甚至漏点在机内，则应尽快联系停机。

若内冷却水中断，两台内冷却水泵抢投一台成功，则可维持机组运行，处理故障水泵。若两台内冷却水泵均抢投失败，则由机组保护跳闸停机，电气值班员做好厂用电的切换。

（三）定子内冷却水电导率高

发电机的内冷却水是汽轮机的凝结水或经化学处理后的补充水。运行中可能因定子冷却水系统中的水冷却器有漏水现象，使冷却器的循环冷却水进入内冷却水中，使电导率升高。

1）故障现象：当定子内冷却水电导率高时，发出"定子冷却水进水电导率高"报警，定子进水电导率表指示大于 $5\mu\Omega/cm$。

2）故障处理：对定子内冷却水进行换水，当电导率大于 $5\mu\Omega/cm$ 时，不允许发电机运行。若因水冷却器漏水使电导率升高，应停用漏水的水冷却器，并投入备用冷却器直至电导率正常。定子冷却水在运行中因补充化学水使电导率升高时，应请化学部门检查处理至水质合格。

二、发电机氢系统的异常运行及故障处理

（一）发电机氢气压力高或低

当发电机氢气的运行压力高至报警值或低至报警值时，气体控制盘上出现"氢气压力高或低"光字牌报警；氢气压力表指示值大于压力高报警值或小于压力低报警值。

发电机氢气压力高，通常发生在给发电机补氢的情况下。氢气压力低可能由密封油压过低或供油中断、氢气母管压力低、氢气管路破裂或阀门泄漏、密封油氢侧回油箱油位低使氢气进入油中，突然甩负荷引起发电机过冷却造成氢压降低，误操作造成氢压降低等原因引起。

氢气压力高或低应根据具体情况加以处理。发电机氢气压力高若因补氢造成，则立即停止补氢，并打开排污门，将氢压降低至正常值；若因漏氢使发电机氢压低，则应立即补氢至正常值。若大量漏氢，应及时对油、水、氢系统进行全面检查，发现问题及时处理，恢复氢压至正常值。当漏氢大，且漏点无法消除，氢压不能维持时，则可降低氢压运行，同时降低机组的负荷，并密切监视发电机各部位温度不得超过规定值。若降低氢压后仍不能维持运行，可申请停机；如果发电机氢压降低是由于甩负荷后温度下降引起，则可根据氢气压力指示，立即增加发电机的负荷，但不可补充氢气。如果暂时不能增加负荷，为防止发电机过冷却，应减少氢气冷却器各段的供水量，并补氢使氢压升至正常值。

（二）发电机氢气温度高

当发电机氢气运行温度高至报警值时，气体控制盘发出"氢气温度高"光字牌报警，氢气温度指示高于额定值。

当氢气温度高报警时，运行人员应检查氢气冷却水的温度、压力、流量是否正常，若不正常应及时调整。若氢气冷却器冷却水的压力和流量无法调整，应适当降低发电机的负荷。若是氢气压力低或氢气纯度低引起氢温高，应补氢或换氢，提高氢气压力和纯度至正常值。在氢气温度高的情况下，还应密切监视定子绕组及铁心的温度。

（三）发电机氢气纯度低

当氢气纯度低至报警值时，则气体控制盘发出"氢气纯度低"光字牌报警，氢气纯度指示值小于 90%。运行人员应通知制氢站取样分析，并检查仪表指针是否被粘住，同时开启排污门排氢并开启补氢门补氢，保持发电机内的氢气压力，直到纯度合格。

任务四　变压器的异常运行及故障处理

一、变压器的异常运行及处理

变压器的异常运行主要表现在：声音不正常，温度显著升高，油色变黑，油位升高或降低，变压器过负荷，冷却系统故障及三相负荷不对称等。当出现上述现象时，应按运行规程规定，采取相应措施将其消除，并将处理经过记录在异常记录簿上。

变压器发生异常运行（事故和信号）时，值班员应做到：

1）详细记录异常运行发生的时间，光字牌显示的信号，继电器保护动作情况和电流、电压及各种表计的指示。查看打印机打印结果，初步判断故障性质，并报告值班调度员。

2）到现场对设备进行检查，记录当时的温度和油面指示及其他异常情况，进一步分析故障性质，按规程规定进行处理。

（一）变压器声音不正常

变压器在正常运行时，由于交流电通过变压器的绕组，铁心中产生周期性变化的交变磁通，随着磁通的变化，就引起铁心的振动，而发出均匀的"嗡嗡"声。值班人员在巡视设备时，应细心倾听变压器的声音，如果发现变压器产生不均匀的呼声或其他异常响时，首先正确判断，然后根据不同情况进行处理。

1）若变压器内部突然发出不正常的声音，但持续很短的时间就消失，这是由于大动力设备（如电炉、汞弧整流器或同步电动机等）起动或系统短路，变压器通过较大电流而产生的声响，此时只需详细检查一遍变压器即可。

2）若变压器内部连续不断地发出"嘤嘤"的不正常杂音时，可能是因为铁心的硅钢片内部发生振动。此时值班人员应报告班长、值长，并加强巡视，严密监视不正常现象的发展变化。若不正常杂音不断增加，应联系停用该变压器，进行内部检查。

3）若变压器内部有强烈而不均匀的杂音，或内部有放电和爆裂声音时。前者可能是由于铁心的穿心螺钉夹得不紧，使铁心松动，造成硅钢片振动，这种振动能破坏硅钢片间的绝缘层，引起铁心局部过热。而变压器内部的放电和爆裂声音，是由于绕组或引出线对外壳闪络放电，或者当铁心接地线断线时，造成铁心感应的高电压对外壳放电引起的，这种放电的电弧将使变压器绝缘严重损坏。值班人员发现这种异常现象时，应立即汇报班长、值长，设法迅速投入备用变压器或倒换运行方式，调整负荷，将该变压器立即停用并通知检修处理。

（二）变压器上层油温显著上升

在正常负荷和冷却条件下，变压器油温较平时高出10℃以上；或变压器负荷不变，油温不断上升，而检查结果证明冷却装置良好，且温度计无问题，则认为变压器已发生内部故障（如铁心起火及线圈匝间短路等）。此时应立即将变压器停止运行，以防变压器发生爆炸，扩大事故。

（三）变压器油色不正常

值班人员在巡视变压器时，若发现变压器油位计中油的颜色发生变化，应汇报班长转检修人员，取油样进行分析化验。若化验后发现油内含有炭粒和水分，油的酸价增高、闪光点降低、绝缘强度降低，说明油质已急剧下降，变压器内部很容易发生绕组与外壳间的击穿事故。因此值班人员应尽快地联系投入备用变压器，停用该故障变压器。若运行中变压器油色骤然恶化，油内出现碳质并有其他不正常现象时，值班人员应立即停用该故障变压器。

（四）变压器油位不正常

变压器储油柜的一端装有油位计，以便监视油面的高低。油位计上一般显示出油温为 −30℃、20℃和40℃时的3条油位线（或温度指示线）。根据这3条油位线可以判断是否需要加油和放油。若油温在20℃，油面高于20℃的油位线，则表示变压器中油多了，应通知检修人员放油，使油位降低到该油位线上；若在同一油温下，油面低于20℃的油位线，则表示变压器中油少了，应通知检修人员加油。给运行中的变压器加油应采用真空注入法，否则加油或放油时应将重瓦斯保护退出。如因大量漏油使油位迅速降低，低至气体继电器以下或继续下降时，应立即停用变压器。变压器套管油随气温的影响变化较大，不得满油和缺油，否则也应放油或加油。

（五）变压器过负荷

变压器过负荷时，可能出现电流指示超过额定值，有功、无功功率表指针指示增大，可能出现变压器"过负荷"信号和"温度高"信号，警铃动作等。

值班人员在发现上述异常现象时，应按下述原则处理：

1）恢复警报，汇报班长、值长，并做好记录。

2）及时调整运行方式，如有备用变压器，应立即投入。

3）及时调整负荷的分配情况，联系用户转移负荷。

4）如属正常过负荷，可根据正常过负荷的倍数确定允许时间，若超过时间，应立即减小负荷。同时，应加强对变压器温度的监视，不得超过允许值。

5）若属事故过负荷，则过负荷的允许倍数和时间，应依制造厂的规定执行。若无制造厂的规定资料，对于自然冷却和风冷却的油浸式变压器，可参照下面的公式确定；若过负荷倍数及时间超过允许值，应按规定减小变压器的负荷。过负荷倍数/允许的持续时间为1.30/120min、1.45/80min、1.60/45min、1.75/20min、2.00/10min。

6）对变压器及其有关系统进行全面检查，若发现异常，应立即汇报处理。

（六）变压器冷却系统故障

强迫油循环风冷、水冷及导向水冷却的变压器，当冷却系统（指风扇、潜油泵、冷却水系统等）故障而停用冷却装置时，应进行如下处理：

1）当变压器控制盘上出现"冷却装置工作电源故障"或"备用电源故障"光字牌信号时，应立即检查原因，尽快恢复。

2）当变压器控制盘上出现"冷却水中断"光字牌信号时，应迅速检查原因并恢复。

3）在出现上述两条故障信号后，应注意变压器上层油温及储油柜油位的变化。当冷却装置全部停运后，会发生油位急剧上升，并有可能出现从防爆管（或安全气道）跑油的现象。当冷却装置恢复后，储油柜油位会急剧下降，如此时油位下降到 −20℃油位线以下并继续下降时，应立即起动重瓦斯保护。当在规定时间内无法恢复冷却装置运行时，应联系值勤长将主变停用。

（七）轻瓦斯保护装置发生故障

轻瓦斯保护装置的作用是当变压器内部发生绝缘被击穿、线匝短路及铁心烧毁等故障时，给值班人员发出信号或切断变压器的各侧断路器以保护变压器。因此瓦斯保护是变压器的主要保护之一。在变压器运行中，重瓦斯保护一定要创造条件，经常投入跳闸位置，特别是变压器大修以后，更需要它来保护，故不得任意退出运行。

瓦斯保护动作于信号（即轻瓦斯动作）的原因可能是变压器内有轻微程度的故障，产生微弱的气体，也可能是空气侵入了变压器内。另外，二次配线回路故障引起误动作等也可能引起轻瓦斯保护装置动作。

轻瓦斯信号出现以后，值班人员应立即对变压器进行外部检查。首先检查储油柜中的油位及油色、气体继电器中的气体量及颜色，然后检查变压器本体及强迫油循环系统中是否有漏现象。同时，查看变压器的负荷、温度和声音等的变化。若经外部检查，未发现任何异常现象，应通知化验人员查明气体继电器中气体的性质，必要时要取变压器油样进行化验，共同判明故障的性质。

根据气体继电器中气体的性质鉴别故障的一般方法是：

1）无色、无味、不可燃烧的气体，为油中析出的空气。

2）微黄色不易燃烧的气体为木质部分有故障。

3）淡灰色、带强臭味、可燃烧的气体，则说明绝缘材料故障，即纸或纸板有损坏。

4）灰色或黑色、易燃烧的气体，为油故障（可能是铁心发生故障，或内部发生闪络而引起的油分解）。

值班人员也可以对气体继电器中的气体进行可燃性试验，但在试验时，必须特别小心。点火工作一般应由班长亲自监护，点火前应将气体继电器盖子上的油泥擦拭干净。点火时，火苗不能靠近气体继电器的栓口，而要在其上 5~6cm 处。

如经鉴定证明气体继电器中的气体是可燃性气体或油的闪光点降低 5℃，应汇报运行领导人，迅速停用该变压器。

若确定气体继电器中的气体是空气，则值班人员应将其释放，并注意和记录气体继电器再次发出警报的时间间隔。如警报动作的时间间隔逐次缩短，就表示断路器可能即将跳闸，值班人员应请示值长，将重瓦斯保护切换为信号位置，并汇报有关领导处理；如警报动作时间间隔逐渐延长，则表示异常情况在逐渐减轻，变压器内部没有问题。

二、变压器的故障处理

（一）变压器常见的故障部位

（1）绕组的主绝缘和匝间绝缘故障　变压器绕组的主绝缘和匝间绝缘是容易发生故障的部位。主要原因是：由于长期过负荷运行，或散热条件差，或使用年限长，使变压器绕组的绝缘材料老化脆裂，抗电强度大大降低；变压器多次受短路冲击，使绕组受力变形，隐藏着绝缘缺陷，一旦遇有电压波动就有可能将绝缘材料击穿；变压器油中进水，使绝缘材料的强度大大降低而不能承受允许的电压，造成绝缘材料被击穿；在高压绕组加强段处或低压绕组部位，因统包绝缘膨胀，油道阻塞，影响散热，使绕组绝缘材料由于过热而老化，发生击穿短路；由于防雷设施不完善，在大气过电压作用下，绝缘材料被击穿。

（2）引线绝缘故障　变压器引线从变压器套管内腔引出并与外部电路相连，靠套管支撑和绝缘。由于套管上端帽罩（俗称将军帽）封闭不严而进水，引线主绝缘受潮而击穿，或变压器严重缺油使油箱内引线暴露在空气中，造成内部闪络，都会在引线处发生故障。

（3）铁心绝缘故障　变压器铁心由硅钢片叠装而成，硅钢片之间有绝缘漆膜。由于硅钢片紧固不好，使漆膜破坏产生涡流而发生局部过热。同理，夹紧铁心的穿心螺钉、压铁等部件，若绝缘破坏，也会发生过热现象。此外，若变压器内残留有铁屑或焊渣，使铁心两点或多点接地，都会造成铁心故障。

（4）变压器套管闪络和爆炸　变压器高压侧（110kV及以上）一般使用电容套管，由于瓷质不良而有沙眼或裂纹；电容芯子制造上有缺陷，内部存在游离放电；套管密封不好，有漏油现象；套管积垢严重等，都可能发生闪络和爆炸。

（5）分接开关故障　变压器分接开关是变压器的常见故障部位之一。分接开关分无励磁调压和有载调压两种，常见故障的原因是：

1）无励磁分接开关。由于长时间靠压力接触，会出现弹簧压力不足、滚轮压力不均，使分接开关连接部分的有效接触面积减小，以及连接处接触部分镀银层磨损脱落，引起分接开关在运行中发热损坏；分接开关接触不良，引出线连接和焊接不良，经受不住短路电流的冲击而造成分接开关被短路电流烧坏而发生故障；由于管理不善，调乱了分接头或工作大意造成分接开关事故。

2）有载分接开关。带有载分接开关的变压器，分接开关的油箱与变压器油箱一般是互不相通的。若分接开关油箱发生严重缺油，则分接开关在切换中会发生短路故障，使分接开关烧坏。为此，运行中应分别监视两油箱油位应正常。分接开关机构故障有：由于卡塞，使分接开关停在过程位置上，造成分接开关烧坏；分接开关油箱密封不严而渗水漏油，多年不进行油的检查化验，致使油脏污，绝缘强度大大下降，以致造成故障；分接开关切换机构调整不好，触头烧毛，严重时部分熔化，进而发生电弧引起故障。

（二）重瓦斯保护动作的处理

运行中的变压器内发生故障或继电保护装置及二次回路故障，会引起重瓦斯保护动作，使断路器断闸。重瓦斯保护动作跳闸时，中央事故音响发出笛声，变压器各侧断路器绿色指示灯闪烁，"重瓦斯动作"和"吊牌未复归"光字牌亮，重瓦斯信号灯亮，变压器表计指示为零。此时，运行值班人员应对变压器进行如下检查和处理：

1）检查油位、油温、油色有无变化，检查防爆管是否破裂喷油，检查吸湿器、套管有无异常，变压器外壳有无变形。

2）立即取气样和油样作色谱分析。

3）根据变压器跳闸时的现象（如系统有无冲击，电压有无波动）、外部检查及色谱分析结果，判断故障性质，找出原因。在重瓦斯保护动作原因未查清之前，不得合闸送电。

4）如果经检查未发现任何异常，而确是二次回路故障引起误动作，可将差动及过电流保护投入，将重瓦斯保护投信号或退出，试送电一次，并加强监视。

（三）变压器自动跳闸的处理

当运行中的变压器自动跳闸时，值班人员应迅速作出如下处理：

1）当变压器各侧断路器自动跳闸后，将跳闸断路器的控制开关操作至跳闸后的位置，并迅速投入备用变压器，调整运行方式和负荷分配，维持运行系统及其设备处于正常状态。

2）检查吊牌属何种保护动作及动作是否正确。

3）了解系统有无故障及故障性质。

4）若属以下情况并经领导同意，可不经检查试送电：人为误碰保护使断路器跳闸；保护明显误动作跳闸；变压器仅低压过电流或限时过电流保护动作，同时跳闸变压器下一级设备故障而其保护却未动作，且故障已切除。试送电只允许进行一次。

5）如属差动、重瓦斯或电流速断等主保护动作，故障时有冲击现象，则需对变压器及其系统进行详细检查，停电并测量绝缘。在未查清原因之前，禁止将变压器投入运行。必须指出，不管系统有无备用电源，都绝对不准强送变压器。

（四）变压器着火

变压器运行时，可能由于变压器套管的破损或闪络，使油在储油柜油压的作用下流出，并在变压器顶盖上燃烧；变压器内部发生故障，使油燃烧并使外壳破裂等。变压器着火，应迅速作出如下处理：

1）断开变压器各侧断路器，切断各侧电源，并迅速投入备用变压器，恢复供电。

2）停止冷却装置的运行。

3）主变压器及高压厂用变压器着火时，应先解列发电机。

4）若油在变压器顶盖上燃烧，应打开下部事故放油门放油至适当位置。若变压器内部故障引起着火，则不能放油，以防变压器发生爆炸。

5）迅速用灭火装置灭火，如用干式灭火器或泡沫灭火器灭火。必要时通知消防队灭火。

任务五　电动机的异常运行及故障处理

一、电动机的异常运行及处理

电动机被广泛地作为动力装置来使用。在生产运行和检修过程中会出现各种各样的故障，如果不及时处理，将影响电动机的正常运行。电动机异常运行状态主要有以下几种：

（一）电动机无法起动只发出响声，或起动后达不到正常转速

电动机接通电源后，转子不转动，只发出"嗡嗡"声，或能转动但转速慢，其可能的原因是：

1）定子回路一相断线。如供电变压器的低压侧一相断电，低压线路一相断线，熔断器一相熔断，电动机的电缆头、刀开关等一相松脱或接触不良而造成一相断电，电动机绕组一相断线或接线盒内接触不良而烧断等。

2）转子回路断线或接触不良。如笼型异步电动机，转子导条与端环间的连接部分已断开；绕线转子异步电动机，转子变阻器回路已断开，起动设备与转子回路间的电缆连接点已断开，电刷与集电环接触不良。

3）电动机转子或被拖动的机械被卡死，如转子和定子有相碰的部位。

4）电动机定子回路接线错误。如将三角形联结误接为星形，或将星形联结的三相绕组中一相接反。

5）电动机电源电压过低。因转矩与电压的二次方成正比，电压太低，会使电动机无法起动。

根据上述可能的原因，首先检查电源是否正常，然后检查断路器、刀开关、熔断器及一次回路接线，检查起动设备及回路是否正常，并逐一消除缺陷。如是电动机内部故障，应立即检修处理。

（二）电动机运行温度过高或冒烟

电动机运行时，其绕组及铁心有时温度过高，用手摸电动机外壳，感到烫手，有时还会出现电动机冒烟现象。运行温度过高或冒烟的可能原因有：

1）电源方面。电源电压过高或过低，两相运行。

2）电动机本身。绕组接地或相间、匝间短路；定子、转子铁心相擦，或装配质量不好引起卡转；绕线转子绕组的接头松脱或笼型转子断条。

3）负载方面。机械负载过重或卡死。

4）通风散热方面。环境温度过高，散热困难；电动机绕组灰尘太多，影响散热；风扇损坏或装反；通风孔堵塞，进风不畅；电动机冷却有故障，进水量不足，出水门误关闭，冷却器有堵塞等。

（三）电动机轴承运行温度过高

轴承运行温度过高的原因及处理方法是：

1）轴承损坏，应更换轴承。

2）润滑油过少、过多或有杂质。处理方法是增、减润滑油或更换润滑油。

3）轴承中心偏斜或轴承油环被卡住，应检修处理。

4）传动带过紧或靠背轮安装不符合要求，应适当放松传动带或校正靠背轮。

（四）电动机运行时发出异常噪声或强烈振动

电动机运行时发出异常噪声或强烈振动的原因是：

1）定子、转子相擦或所拖动机械有严重磨损变形。

2）电动机或所拖动机械部分的地基、地脚不符合要求，如地基不平，基础不平，基础不坚固或地脚螺钉松动等。

3）电动机与所拖动机械的轴中心未对准，转轴弯曲，靠背轮连接松动。

4）转子偏心，如转子不平衡或所拖动机械不平衡，轴承偏心等。

5）轴承缺油或损坏。

6）笼型转子导条断裂或绕线转子绕组断开。

7）两相运行或负荷运行；定子绕组断线，三相电路不平衡。

出现上述情况，应停机检修处理。

二、电动机的故障及处理

（一）电动机自动跳闸的处理

运行中的电动机通常因定子回路发生故障，如一相断线、绕组层间短路、绕组相间短路或系统电压下降超限，使电动机的电源开关自动跳闸。

当电动机自动跳闸后，应立即起动备用电动机，若已断开的重要电动机无备用电动机或不能迅速起动备用电动机时，为保证机、炉安全，允许已跳闸的电动机再重新强送电一次，但下列情况除外：

1）电动机本体、电动机起动调节装置或电源电缆线上有明显的短路或损坏现象。

2）发生需要停机的人身事故。

3）电动机所拖动的机械损坏，无法维持运行。

（二）必须立即切断电源的事故

发生下列情况之一者，必须立即切断电动机的电源。

1）电动机电气回路及其拖动机械部分发生人身事故。

2）电动机及其相关电气设备冒烟着火。

3）电动机所带机械损坏至危险程度。

4）电动机发生强烈振动和窜动，危及电动机的安全运行。

（三）必须立即停止运行的故障

发生下列情况之一者，必须立即停止电动机的运行。

1）电动机中有异常声音或绝缘材料有烧焦气味。

2）电动机内或起动装置内出现火花或冒烟。

3）定子电流超过正常值。

4）电动机铁心温度超过正常值，采取措施后无效。

5）轴承温度超过规定值，处理无效。

6）受水灾威胁。

7）起动或运行中的电动机，转子与定子有摩擦声。

8）直流电动机发生严重环火，经处理无效。

（四）电动机着火

电动机着火时，应先断开电源，然后使用电气设备专用的灭火器进行灭火。使用干粉灭火器时，应注意不使粉尘落入轴承内，必要时也可用消防水喷射成雾状的水珠灭火，禁止大股水注入电动机内。

任务六　高压断路器的异常运行及处理

一、油断路器的异常运行及处理

（一）油断路器运行中过热

过热运行的油断路器有如下现象显示：油箱外部的颜色异常，油位异常升高，有焦臭气味，油色异常，接头处示温蜡片熔化，内部声音异常等。

油断路器过热运行的原因如下：

1）断路器过负荷。负荷电流超过额定值或断路器达不到厂家铭牌规定容量。

2）触头接触电阻过大。由于断路器触头表面烧伤或氧化、动触头插入行程不够而合闸不到位、动触头压力不够、触指歪斜、触指压紧弹簧松弛及支持环开裂或变形等原因，使动、静触头接触不好，造成触头接触电阻过大。

3）周围环境温度升高。周围环境温度高于断路器的额定环境温度，而运行电流仍为额定电流，造成运行过热。

油断路器过热运行会使油温过高、造成油质氧化、产生沉淀物，使油的酸价升高、绝缘强度降低、灭弧能力差。如果发热严重，灭弧室内压力增大，易引起断路器喷油；另外，过热运行会使绝缘材料加速老化，金属零件机械强度降低，弹簧退火，触头氧化加剧，使发热更严重。

当断路器出现过热运行时，应与调度联系，降低负荷。若温度仍不下降或过热发生喷油，断路器应停止运行并检修。

（二）断路器运行时发出不正常响声

断路器运行时发出不正常响声，可能是由于以下原因造成的：

1）套管和支持鼓形绝缘子严重破损发生连续放电。

2）套管或油箱内有起泡声和放电声。

3）电气连接部位烧红变色而出现放电。

4）二次接线接触不良出现放电声或着火。

二、真空断路器的异常运行及处理

（一）真空灭弧室的真空度失常

真空断路器运行时，正常情况下，其灭弧室的屏蔽罩颜色应无异常变化，真空度正常。若运行中或合闸之前真空灭弧室出现红色或乳白色辉光，说明真空度下降，影响灭弧性能，应更换灭弧室。

（二）真空断路器运行中断相

真空断路器接通高压电动机时，有时会出现断相，使电动机断相运行而烧坏电动机。真空断路器出现合闸断相的可能原因是：

1）断路器超行程（触头弹簧被压缩的数值）不满足要求，影响该相触头的正常接触。这时应调节绝缘拉杆的长度，并重复测量多次，才能保证其超行程的正确性和接触的稳定性。

2）断路器行程不满足要求。在保证超行程的前提下，可通过调节分闸定位件的垫片，使三相行程均满足要求，使三相同步。

3）由于真空断路器的触头为对接式，触头材料较软，在分、合闸数百次后触头易变形，使断路器超行程变化，影响触头的正常接触。

（三）真空断路器合闸失灵

合闸失灵的原因如下：

1）电气方面的故障。电气方面的故障主要有：合闸电压过低（操作电压低于0.85倍额定电压）或合闸电源整流部分故障，合闸电源容量不够，合闸线圈断线或匝间短路，二次接线接错等。

2）操动机构故障。操动机构的故障主要有：合闸过程中分闸锁扣未扣住；分闸锁扣的尺寸不对；辅助开关的行程调得过大，使触片变形弯曲，接触不良。

处理完上述缺陷后再合闸。

（四）真空断路器分闸失灵

分闸失灵的原因主要是：

1）电气方面的故障。主要故障有：分闸电压过低（操作电压低于0.85倍额定电压），分闸线圈断线，辅助开关接触不良。

2）操动机构故障。主要故障有：分闸铁心的行程调整不当，分闸锁扣扣住过量，分闸锁扣销子脱落。

上述缺陷应逐一检查消除。

三、SF₆ 断路器的异常运行及处理

一般来说，SF₆ 断路器运行可靠，维护工作量小，检修周期长。但运行中有时也会出现一些异常运行和故障情况，可能发生的异常运行及故障分述如下。

（一）液压机构油压过高或过低

SF₆ 断路器运行时，其液压机构的油压有时过高或过低。油压过高的原因主要是：液压机构的微动开关失灵，当油泵起动、油压升至额定值时，微动开关不能切断油泵电动机电源，造成油泵持续打压；储能筒的活塞密封不严或筒壁磨损，液压油中进入氮气，使油压升高；液压机构压力表失灵或指示数据不真实。处理时，应调整或更换微动开关，检查并检修储能罐，检查校验压力表。

（二）油泵起动频繁和打压时间过长

由于液压机构的高压油系统漏油（如管路接头漏油、高压放油阀关闭不严、合闸阀内部漏油、工作缸活塞不严等），油泵本身有缺陷，引起液压油压力降低，使油泵频繁起动打火。遇到有油泵频繁起动，应立即查漏，消除频繁起动现象。有时油泵打压时间过长（超过 3 ~ 5min），应检查高压放油阀是否关严，安全阀是否动作，机构是否有内漏、外泄，油面是否过低，吸油管有无变形，油泵低压侧有无气体等，针对以上缺陷进行相应处理。

（三）液压机构无法建立油压

断路器投入运行前，其液压机构应建立正常油压。有时，油压建立不起来，其原因可能是：

1）油泵内各阀体高压密封圈损坏，或单向阀阀口密封不严（此时用手摸油泵，油泵可能发热）；油泵柱塞间隙配合过大；油泵柱塞组装时没注入适量的液压油或柱塞及柱塞座没擦干净，影响油泵出力，甚至使油泵打压件磨损。

2）油泵低压侧有空气存在。

3）油箱过滤网有脏物，油路堵塞。

4）高压放油阀没有关严，高压油泄漏到油箱中。

5）合闸阀一、二级阀口密封不严，高压油通过排油孔泄掉。

消除上述缺陷后，再打压。

（四）断路器 SF₆ 气体泄漏

运行中的 SF₆ 断路器有时发出"补气"信号，这说明断路器漏气。漏气的原因可能是：断路器安装时遗留有漏气点（连接座内拉杆、气管坡口、本体、密度继电器、气压表接头连接密封处等易形成漏气点）。当断路器发出"补气"信号时，处理方式如下：

1）检查气体压力。若属断路器气体压力降低，则需将断路器停电补气。

2）检查密度继电器。SF₆ 断路器运行时，由密度继电器监视其气体的运行压力，当气体压力降低到第一报警值时，其触头闭合并发出"补气"信号。此时，可用压力检测专用工具，检测密度继电器动作值是否正确。

3）确认 SF₆ 气体泄漏时，应联系检修人员检修处理。

（五）断路器合后即分

当操作断路器合闸时，可能出现"合后即分"现象。合后即分的原因可能是：合闸阀的二级阀杆不能自保持；分闸阀的阀杆卡涩，不能很快复位。

（六）断路器拒动

操作断路器分、合闸时，可能出现断路器拒动。拒动的原因主要有：分、合闸电磁铁线圈断线，匝间短路或线圈线头接触不良；电磁铁行程太小，使分、合闸阀钢球无法打开；操作回路故障，如断线、熔断器熔断、端子排接头和辅助开关触头接触不良或接线错误；二线阀杆锈死；灭弧室动、静触头没对准；中间机构箱卡涩；操作电压过低等。

上述缺陷必须消除后，断路器才允许投入运行。

任务七　高压断路器的故障处理

一、油断路器的异常运行及事故处理

（一）油断路器拒合闸

将控制开关扭至合闸位置时，扬声器响，绿灯闪烁，而断路器拒合闸。无法合闸的原因及处理方法如下：

1）合闸电源电压不正常引起拒合闸。合闸电源电压过低，合闸时电磁机构的铁心不到位，使挂钩不能挂住；合闸电源电压过高，合闸时电磁机构的铁心发生强烈冲击，使挂钩不能挂住。待调整好操作电压后再合闸。

2）操作电源中断引起拒合闸。如操作熔断器熔断、合闸动力熔断器熔断（有弹簧储能电源、油泵电源、电磁机构合闸电源等），使断路器不能合闸。此时应检查并更换熔断器后再合闸。

3）操作及合闸回路故障引起拒合闸。如控制开关触头、断路器辅助常闭触头、合闸接触器主触头、操作及合闸动力熔断器等接触不良；中间继电器触头熔焊；合闸接触器线圈断线或短路；合闸线圈断线、短路或烧坏；防跳继电器故障；断路器的远方/就地选择开关未置于相应位置；同期开关未投入；操作及合闸回路连接导线脱落、断线等原因，使断路器不能合闸。此时应处理上述缺陷后再合闸。

4）操动机构卡住而拒合闸。如操动机构部分不灵活或调整不准确、挂钩脱扣造成合闸后又跳闸；因振动使跳闸机构脱扣，使断路器拒合闸。此时应待机构处理好后再合闸。

5）合闸时间太短引起拒合闸。手动操作控制开关合闸时，控制开关在合闸位置未合到底，或合到底后停留时间太短就松手，让控制开关自动返回，致使断路器合闸后挂钩未挂住，合闸回路电源就断开而跳闸。正确做法是：控制开关在合闸位置应合到底，待红灯亮后再松手，让控制开关返回。

6）弹簧操动机构的弹簧储能未到位，液压操动机构的油压低于合闸油压被闭锁，使断路器不能合闸。待弹簧储能到位及液压达到正常油压后再合闸。

（二）油断路器拒分闸

断路器运行时，若断路器一次回路发生故障，则保护动作信号吊牌、光字牌亮、电流表指示剧增、电压表指示大为降低，而断路器拒分闸。或用控制开关手动分闸时，红灯闪烁，但断路器拒分闸。运行中的断路器拒分闸对系统的安全运行威胁很大。当发生无法分闸时，可能造成上一级断路器越级跳闸，甚至造成系统解列，故拒分闸比拒合闸有更大的危害。

1. 断路器拒分闸的一般原因

（1）操作电源故障　操作电源中断，或操作电源电压过低。如因电网故障引起硅整流装置直流电源电压波动，直流过负荷引起操作电源电压降低；交流消失，由直流代替交流，使操作电源电压降低。

（2）操作回路故障　如控制开关触头、断路器的辅助常开触头、操作熔断器等接触不良；操作熔断器熔断；跳闸线圈断线、短路或烧坏；中间继电器（防跳跃继电器、手动跳闸继电器）线圈断线或烧坏；跳闸回路连接导线脱落、断线；断路器远方/就地选择开关未置于相应位置等。

（3）操动机构故障　如跳闸铁心卡住或顶杆脱落，合闸支点过低使铁心动作不能脱扣，操动机构失灵，液压机构分闸系统故障等。

（4）手动操作分闸时间短　手动操作控制开关至分闸位置时，控制开关分闸不到位就松手返回，使断路器因分闸时间太短而不能分闸。

（5）继电保护拒动作。如出现继电保护整定值不正确、保护接线错误、保护回路断线、互感器回路故障、保护连接片接触不良及跳闸继电器触点闭合接触不良等缺陷，在一次回路短路故障的情况下，继电保护会拒动作，使断路器不能分闸。

2. 断路器拒分闸的处理方法

（1）正常情况下拒分闸　正常情况下，断路器的红色信号灯亮，表示跳闸回路完好，当操作控制开关分闸时，断路器拒分闸，如果控制电源电压正常，则为操动机构故障。此时，可按下述 3 种情况处理：

1）联络线断路器拒分闸。可先断开联络线对侧断路器，再至现场手动打跳拒分闸的断路器（该断路器操动机构的液压或气压均正常），然后拉开该断路器两侧的隔离开关，再对操动机构的故障进行查找和处理，按这种方式处理的速度较快。另外，也可采用倒母线的方法，空出一组母线，由母联断路器串接拒分闸的断路器，再由母联断路器分闸，然后手动打跳拒分闸的断路器，拉开该断路器两侧隔离开关，或解除防误操作闭锁装置，拉开该断路器两侧隔离开关，再对操动机构的故障进行查找和处理。此种处理，要经较复杂的倒母线操作，处理时间长。

2）馈线断路器拒分闸。馈线是直接送到用户的线路。一般与用户的联系较困难，故不易由馈线的对侧断路器断开该线路，但本侧断路器拒动作，不能用手动打跳的方式带负荷打跳本侧断路器，故只能倒母线。按上述方式，用母联断路器断开馈线。拉开拒分闸的断路器两侧隔离开关后，再对操动机构的故障进行查找和处理。

3）发变组回路断路器拒分闸。当发变组停机解列时，发变组回路断路器拒分闸，此时只能倒母线，空出一组母线，由母联断路器串接拒分闸的断路器，再由母联断路器分闸解列，然后再按上述方式处理操动机构故障。

（2）事故情况下拒分闸　当一次电路发生短路故障时，线路断路器拒分闸，但线路对侧的断路器分闸，拒分闸的断路器的失灵保护动作，将母联断路器及故障线路所连母线上的其他进、出线断路器全部分闸，该母线失压。此时，运行人员处理的思路是：先查明是继电保护拒动作，还是断路器及操动机构本身拒动作，然后再判别是电气二次回路故障，还是操动机构故障。为此，事故情况下断路器拒分闸，可按下述情况及方法处理：

1）事故情况下断路器拒分闸，但保护动作、信号吊牌。该情况属跳闸回路或操动机构存在故障。处理时，可操作控制开关，将断路器分闸一次。操作之前，若红灯亮，则表明跳闸回路完好；操作后，若断路器拒分闸，则属于操动机构故障（或控制开关触头接触不良）。此时，将拒分闸的断路器手动打跳，再拉开断路器两侧隔离开关，如果用手动打跳，断路器仍不分闸，可解除防误操作闭锁装置，手动拉开断路器两侧隔离开关，然后，先恢复失压母线的供电和母联断路器的运行，再对操动机构的故障及控制开关的触头进行处理。手动分闸操作前，若红灯不亮，则跳闸回路有故障。如果短时间内不能消除跳闸回路故障，则先手动打跳断路器或解除防误操作闭锁装置，拉开拒分闸的路器两侧隔离开关，恢复失压母线的供电和母联断路器的运行，再处理跳闸回路缺陷。跳闸回路故障消除后，手动分闸一次，若断路器分闸，则证实跳闸回路故障引起拒分闸；若断路器仍拒分闸，则操动机构也存在故障，应处理操动机构故障。

2）事故情况下断路器拒分闸，无保护动作及信号吊牌。该情况属继电保护拒动作。处理时，将断路器手动分闸一次，操作前，红灯亮，则表明跳闸回路完好；操作后，断路分闸（红灯熄，绿灯亮），则证实继电保护拒动作引起断路器拒分闸。然后拉开断路器两侧隔离开关，恢复失压母线供电和母联断路器的运行，再按继电保护拒动作的原因查找和处理故障。手动分闸时，若断路器仍拒分闸，则操动机构也存在故障，此时，手动打跳断路器或解除防误操作闭锁装置拉开断路器两侧隔离开关，恢复失压母线供电和母联断路器运行，然后按操动机构故障原因查找和处理故障（由检修人员处理）。

（三）油断路器着火

油断路器着火，可能有以下原因：

1）油面过高使油箱内缓冲空间不足，事故分闸时断路器喷油。

2）油面过低，事故跳闸时弧光冲出油面。

为了防止断路器着火事故发生，应经常使断路器油面保持在允许范围内，断路器本体及周围应保持清洁。

当发生油断路器着火事故时，应按以下方式处理：断开油断路器及两侧隔离开关；将着火区域与邻近运行设备隔开；用适合熄灭电气火灾的灭火器进行灭火（如四氯化碳、干粉、1211 灭火器、灭火弹等）。落在地面上的油，用砂子铺盖。在高压室内灭火时，应注意起动通风机排烟，并打开房门散烟。为防止人员中毒和窒息，应戴防毒面具（或口罩）。

二、GIS 的异常运行及事故处理

GIS 运行可靠性高、维护工作量小，检修周期长。由于一次设备密封在压力容器中，而且容器内充有一定压力、绝缘性能和灭弧性能优良的 SF_6 气体，因而 GIS 内部几乎不受大气的影响。此外，制造厂对 GIS 均进行过充分的性能试验，以组件形式出厂，在现场进行拼装，这些都给 GIS 安全、可靠的运行创造了有利条件。根据 GIS 的运行情况，可能有下列常见故障出现：

1）气体泄漏。这种故障在我国较为常见，轻者会使 GIS 经常补气，重者可能使 GIS 被迫停止运行。GIS 向外泄漏气体通常发生在密封面、焊缝和管路连接处；内部泄漏常发生在盆式绝缘裂纹和 SF_6 气体与油的交界面（SF_6 电缆头）。

2）SF_6 气体的含水量太高。SF_6 气体含水量太高引起的故障几乎都是绝缘子或其他绝缘件闪络，表面闪络的绝缘子需要彻底清洗或更换。这种故障常发生在气温突变或设备补气之后。

3）杂质使 GIS 闪络。GIS 安装后，其内部可能留有一些导电杂质，这给运行带来不利影响，消除导电杂质影响的有效办法是：当 GIS 安装完毕后，采用小容量电源施加高于运行电压的交流电压，如果杂质很少，它可能在放电中烧毁；如果杂质较多，在交流电压作用下，它会运动到低场强区。运行中的 GIS，如果闪络多次重复发生，通常是由自由导电杂质引起的，特别是在母线的水平与垂直部分的交叉处更是如此。这类故障的处理方法是清扫或更换受影响的部件。

4）电接触不良。GIS 内部有些金属部件是用来改善电场分布的，在实际运行中，这些部件并不通过负荷电流。这些部件经常使用铝质的弹性触头与外壳或高压导体进行电气连接，运行中可能因松动而导致接触不良。这些接触不良部件的电位取决于它与导电体间的耦合电容，这样，该部件与外壳或导体间的微小间隙便会很快被击穿。多次放电不仅会侵蚀触头弹簧，也会因产生金属微粒、氟化铝及其他杂质等，而导致 GIS 的内部闪络。

对于 50Hz（或 60Hz）交流系统，这种故障的放电频率为 100 次/s（或 120 次/s），从设备的外部可听到"嗡嗡"声，因而易于发现此类故障。

5）绝缘子击穿。GIS 中支撑绝缘子的使用场强是一个重要的设计参数。目前，环氧树脂浇注绝缘子的使用场强可高达 6kV/mm 而不致发生击穿，如果使用场强高达 10kV/mm，由于绝缘子使用场强太高，起初可能仍无局部放电现象，但运行几年后，便可能会发生击穿。

6）相对地击穿。由于插接式触头未完全插入触座，可能会造成故障。一旦触头有问题，大多可导致相对地击穿。

7）误操作。在 GIS 的运行中，操作不当引起的故障是多方面的，如将接地隔离开关合到带电相上，如果故障电流很大，即使是快速接地隔离开关也会损坏。因此，出现这类误操作后，应检查触头，如果需要，应更换某些部件。

低速接地隔离开关开断距离不够或带负荷拉闸，电弧可能持续到断路器断开为止。如果故障电流很大（10kA 以上），不仅触头会损坏，而且整台接地隔离开关也需更换或彻底检修。

任务八　母线的异常运行及事故处理

一、母线失压

母线失压是发电厂、变电站最严重的事故之一，它将造成大面积停电。母线失压的主要原因有：母线保护范围内的设备发生故障，使母线停电，如母线支持绝缘子接地，断路器、隔离开关、电压互感器、避雷器发生故障；母线保护误动作使母线停电；线路故障但线路断路器没有动作，越级跳闸使母线停电；误操作、误碰保护或断路器操动机构，使母线停电；母线电源消失造成母线失压。

这里对变电站母线电压消失的处理作简要介绍。

（一）母线失压的现象

母线失去电压时，中央音响装置动作，扬声器响，保护动作及相应信号吊牌，光字牌亮，跳闸断路器绿灯闪烁，母线电压表指示为零，母线上各线路的电流表、功率表指示为零。

（二）母线失压的事故处理

1）检查母线及母线一次系统，并将检查结果汇报给系统调度员，当确定为非本变电站设备故障引起时，则保持本变电站设备原始状态不变，按系统调度令恢复送电。

2）检查结果是本变电站母线故障引起时，则处理母线故障后，按系统调度令恢复母线供电。

3）若是主变压器故障或母线上的线路故障，因其断路器无法分闸，引起越级跳闸使母线失压，则应将无法分闸的断路器及其两侧隔离开关拉开，按调度令恢复母线供电。

4）若本变电站低压（或中压）母线失压，则检查低压母线及其各出线设备，若是该母线上的线路故障，但该线路断路器无法分闸而引起母线失压，则断开无法分闸的断路器及其两侧隔离开关后，再按调度令恢复母线供电。

二、母线运行过热

母线运行时，下述原因会引起过热现象：母线严重过负荷；母线之间或母线与引线间接触不良；母线上所连接的隔离开关接触不良。判断母线及接头过热的方法有：观察母线变色漆有无变色，若变色漆变黄、变黑，则说明母线严重过热；观察示温蜡片，若示温蜡片变色、软化、位移、发亮或熔化，则为母线过热；雨雪天气观察室外母线及接头，若冒汽或落雪立即融化，则为母线过热；低压母线用温度计或用半导体点温计测温，高压母线用红外线测温仪测温，便可知母线的运行温度是否超过允许值。

若发现母线及接头运行温度过高，应汇报调度，减少负荷。若母线及接头发热烧红，应迅速减少负荷，并倒换运行方式，将该母线停电检修。

三、母线绝缘子破损、放电

母线的支柱或悬式绝缘子一旦破损，则绝缘能力降低，或绝缘降至零值，将造成绝缘击穿放电烧坏母线，或造成母线接地、相间短路，故应定期检测绝缘子的绝缘。

若发现母线绝缘子破损、放电，应加强监视，并汇报调度，尽快停电处理。

四、母线电压不平衡

母线运行时，有时出现母线三相电压不平衡。此时，应根据不同原因分别处理：

1）小接地电流系统发生单相接地，使三相电压不平衡，可在 2h 运行时间内查找并消除接地故障点。

2）母线电压互感器一次或二次侧熔断器熔断，应查找并更换熔件。

3）输电线路长度与消弧线圈分接头调整不匹配，出现假接地现象。因正常运行时，中性点对地电压值与消弧线圈补偿程度有关，为使正常运行时中性点对地电压不致过高而出现假接地现象，所以应调整消弧线圈的匝数，使消弧线圈尽量在较大的过补偿或欠补偿方式下运行（但不应影响熄灭电弧）。

五、硬母线变形

除外力造成的机械损伤外，母线过热或通过较大短路电流都会使母线变形。母线变形会威胁母线的安全运行，当母线故障后，发现母线变形，应尽快报告系统调度员，要求停电处理。

任务九 隔离开关的异常运行及事故处理

一、隔离开关触头过热

触头过热时，刀片和导体接头变色发暗，接触部分变色漆变色或示温片变色、软化、位移、发亮或熔化；户外隔离开关触头过热，在雨雪天气可观察到接头处有冒汽或落雪立即融化现象；若触头严重过热，刀口可能烧红，甚至发生熔焊现象。

（一）隔离开关运行时触头过热的可能原因

1）合闸不到位，使电流通过的截面积大大缩小，因而出现接触电阻增大，又产生很大的斥力，减少了弹簧的压力，使压缩弹簧或螺钉松弛，更使接触电阻增大而过热。

2）因触头紧固件松动，刀片或刀嘴的弹簧锈蚀或过热，使弹簧压力降低；或操作时用力不当，使接触位置不正。这些情况均使触头压力降低，触头接触电阻增大而过热。

3）刀口合得不严，使触头表面氧化、脏污；拉合过程中触头被电弧烧伤，各连动部件磨损或变形等，均会使触头接触不良，接触电阻增大而过热。

4）隔离开关过负荷，引起触头过热。

（二）母线、隔离开关触头过热的处理方法

1）用红外测温仪测量过热点的温度，以判断发热程度。

2）如果母线过热，应根据过热的程度和部位，调配负荷，减小发热点电流，必要时汇报调度协助调配负荷。

3）若隔离开关触头因接触不良而过热，可用相应电压等级的绝缘棒推动触头，使触头接触良好，但不得用力过猛，以免滑脱，扩大事故。

4）若隔离开关因过负荷引起过热，应向调度汇报，将负荷降至额定值或以下运行。

5）在双母线接线中，若某一母线隔离开关过热，可将该回路倒换到另一母线上运行，然后拉开过热的隔离开关。待母线停电时再检修该过热隔离开关。

6）在单母线接线中，若母线隔离开关过热，则只能降低负荷运行，并加强监视，也可加装临时通风装置，加强冷却。

7）在具有旁路母线的接线中，母线隔离开关或线路隔离开关过热，可以倒至旁路运行，使过热的隔离开关退出运行或停电检修。无旁路接线的线路隔离开关过热，可以减负荷运行，但应加强监视。

8）在3/2接线中，若某隔离开关过热，可开环运行，将过热隔离开关拉开。

9）若隔离开关发热不断恶化，威胁安全运行时，应立即停电处理。不能停电的隔离开关，可带电进行处理。

二、隔离开关绝缘子损坏或闪络

运行中的隔离开关，有时发生绝缘子表面破损、龟裂、脱釉，绝缘子胶合部位因胶合剂自然老化或质量欠佳引起松动，以及绝缘子严重积污等现象。若绝缘子的损坏和严重积污，

当出现过电压时，绝缘子将发生闪络、放电、击穿接地，轻者使绝缘子表面引起烧伤痕迹，严重时将发生短路、绝缘子爆炸、断路器跳闸。

运行中，若绝缘子损坏程度不严重或出现不严重的放电痕迹时，可暂时不停电，但应报告调度尽快处理。处理之前，应加强监视。如果绝缘子破损严重，或发生对地击穿、触头熔焊等现象，则应立即停电处理。

三、隔离开关无法分、合闸

（一）用手动或电动操作隔离开关时，发生无法分、合闸的可能原因

1）操动机构故障。手动操作的操动机构发生冰冻、锈蚀、卡死、瓷件破裂或断裂、操作杆断裂或销子脱落，以及检修后机械部分未连接，会使隔离开关无法分、合闸。若是气动、液压的操动机构，其压力降低，也会使隔离开关无法分、合闸。隔离开关本身的传动机构故障也会使隔离开关无法分、合闸。

2）电气回路故障。电动操作的隔离开关，如动力回路动力熔断器熔断，电动机运转不正常或烧坏，电源不正常；操作回路如断路器或隔离开关的辅助触头接触不良，隔离开关的行程开关、控制开关切换不良，隔离开关箱的门控开关未接通等均会使隔离开关无法分、合闸。

3）误操作或防误装置失灵。断路器与隔离开关之间装有防止误操作的闭锁装置。当操作顺序错误时，由于被闭锁，隔离开关无法分、合闸；当防误装置失灵时，隔离开关也会无法动作。

4）隔离开关触头熔焊或触头变形，使刀片与刀嘴相抵触，会使隔离开关无法分、合闸。

（二）隔离开关无法分、合闸的处理

1）操动机构故障时，如属冰冻或其他原因拒动，不得用强力冲击操作，应检查支持销子及操作杆各部位，找出阻力增加的原因。如是生锈、机械卡死、部件损坏、主触头受阻或熔焊，应检修处理。

2）如果是电气回路故障，应查明故障原因并做相应处理。

3）确认不是误操作而是防误操作闭锁回路故障，应查明原因，消除防误操作闭锁回路故障。或按闭锁要求的条件，严格检查相应的断路器、隔离开关位置状态，核对无误后，解除防误操作闭锁回路的闭锁再行操作。

四、隔离开关自动掉落合闸

隔离开关在分闸位置时，如果操作机构的机械装置失灵，如弹簧的锁住弹力减弱、销子行程太短等，遇到较小振动，便会使机械闭锁销子滑出，造成隔离开关自动掉落合闸。这不仅会损坏设备，而且也易造成对工作人员的伤害。例如，某变电站一35kV隔离开关自动掉落，引起系统带接地线合闸事故，使一台大容量变压器被烧坏，而且接地线被烧断，电弧对近旁的控制电缆放电，高电压传到控制室，烧坏了许多二次设备，险些危及人身安全。

五、误拉、合隔离开关

在倒闸操作时，由于误操作，可能出现误拉、合隔离开关。由于带负荷误拉、合隔离开关会产生异常弧光，甚至引起三相弧光短路，故在倒闸操作过程中，应严防隔离开关的误拉、合。

当发生带负荷误拉、合隔离开关时，根据隔离开关传动机构装置形式的不同，分别按下列方法处理：

1) 对手动传动机构的隔离开关，当带负荷误拉闸时，若动触头刚离开静触头便有异常弧光产生，此时应立即将触头合上，电弧便可熄灭，避免发生事故。若动触头已全部拉开，则不允许将动触头再合上。若再合上，会造成带负荷合闸，产生三相弧光短路，扩大事故。

2) 对电动传动机构的隔离开关，因这种隔离开关的分闸时间短（如 GW6-200 型只需 6s），比人力直接操作快，当带负荷误拉闸时，应继续最初的操作直至完成，操作严禁中断，禁止再合闸。

3) 对手动蜗轮型的传动机构，则拉开过程很慢，在主触头断开不大时（2～3mm 及以下）就能发现火花。这时应迅速进行反方向操作，可立即熄灭电弧，避免发生事故。

4) 当带负荷误合隔离开关时，即使错合，甚至在合闸时产生电弧，也不允许再拉开隔离开关。否则，会形成带负荷拉闸，造成三相弧光短路，扩大事故。只有在采取措施后，先用断路器将该隔离开关回路断开，才可再拉开误合的隔离开关。

任务十　互感器的异常运行及事故处理

一、电压互感器的异常运行及事故处理

（一）电压互感器的常见故障及分析

1) 铁心片间绝缘损坏。故障现象：运行中温度升高。产生故障的可能原因：铁心片间绝缘不良、使用环境条件恶劣或长期在高温下运行，促使铁心片间绝缘老化。

2) 接地片与铁心接触不良。故障现象：运行中铁心与油箱之间有放电声。产生故障的原因：接地片没插紧，安装螺钉没拧紧。

3) 铁心松动。故障现象：运行时有不正常的振动或噪声。产生故障的原因：铁心夹件未夹紧，铁心片间松动。

4) 绕组匝间短路。故障现象：运行时，温度升高，有放电声，高压熔断器熔断，二次侧电压表指示不稳定，忽高忽低。产生故障的原因：系统过电压，长期过载运行，绝缘老化，制造工艺不良。

5) 绕组断线。故障现象：运行时，断线处可能产生电弧，有放电响声，断线相的电压表指示降低或为零。产生故障的原因：焊接工艺不良，机械强度不够或引出线不合格，而造成绕组引线断线。

6) 绕组对地绝缘击穿。故障现象：高压侧熔断器连续熔断，可能有放电响声。产生故障的原因：绕组绝缘老化或绕组内有导电杂物，绝缘油受潮，过电压击穿，严重缺油等。

7) 绕组相间短路。故障现象：高压侧熔断器熔断，油温剧增，甚至有喷油、冒烟现象。产生故障的原因：绕组绝缘老化，绝缘油受潮，严重缺油。

8) 套管间放电闪络。故障现象：高压侧熔断器熔断，套管闪络放电。产生故障原因：套管受外力作用发生机械损伤，套管间有异物或小动物进入，套管严重污染，绝缘

不良。

(二) 电压互感器回路断线及处理

当运行中的电压互感器回路断线时,有如下现象:"电压回路断线"光字牌亮、警铃响;电压表指示为零或三相电压不一致,有功表指示失常,电能表停转;欠电压继电器动作,同期鉴定继电器可能有响声;可能有接地信号发出(高压熔断器熔断时);绝缘监视电压表较正常值偏低,正常相电压表指示正常。

电压回路断线的可能原因是:高、低压熔断器熔断或接触不良;电压互感器二次回路切换开关及重动继电器辅助触头接触不良(电压互感器高压侧隔离开关的辅助开关触头串接在二次侧,与隔离开关辅助触头联动的重动继电器触头也串接在二次侧,若这些触头接触不良,会使二次回路断开;二次侧快速低压断路器脱扣跳闸或因二次侧短路自动跳闸;二次回路接线头松动或断线)。

电压互感器回路断线的处理方法如下:

1)停用所带的继电保护与自动装置,以防止误动。

2)如因二次回路故障,使仪表指示不正确时,可根据其他仪表指示,监视设备的运行,且不可改变设备的运行方式,以免发生误操作。

3)检查高、低压熔断器是否熔断。若高压熔断器熔断,应查明原因予以更换;若低压熔断器熔断,应立即更换。

4)检查二次电压回路的连接处有无松动、断线现象,切换回路有无接触不良,二次侧低压断路器是否脱扣。可试送一次,试送不成功再处理。

(三) 高、低压熔断器熔断及处理

运行中的电压互感器发生高、低压熔断器熔断时,有如下故障现象:对应的电压互感器"电压回路断线"光字牌亮,警铃响;电压表指示偏低或无指示,有功表、无功表指示降低或为零。

处理方法:复归信号。检查高、低压熔断器是否熔断,若高压熔断器熔断,应拉开高压侧隔离开关并取下低压侧熔断器,经验电、放电后,再更换高压熔断器。测量电压互感器的绝缘并确认良好后,方可送电。若低压熔断器熔断,应立即更换,更换熔丝后若再次熔断,应查明原因,严禁将熔丝容量加大。

(四) 电压互感器本体故障的处理

运行中的电压互感器若出现下列故障现象之一,应立即停用:

1)高压熔断器连续熔断2、3次(说明高压绕组有短路故障)。

2)内部有放电声或其他噪声(说明内部有故障)。

3)电压互感器冒烟或有焦臭味(说明其连接部位松动或其高压侧绝缘损伤)。

4)绕组或引线与外壳间有火花放电(说明绕组内部绝缘损坏或连接部位接触不良)。

5)运行温度过高(内部故障所致,如匝间短路、铁心短路等产生高温)。

6)电压互感器漏油(封闭件老化,或内部故障产生高温,油膨胀产生漏油)。

在停用电压互感器时,若电压互感器内部有异常响声、冒烟、跑油等故障,且高压熔断器又未熔断,则应该用断路器将故障的电压互感器切断,禁止使用拉开隔离开关或取下熔断器的方法停用故障的电压互感器。

二、电流互感器的异常运行及事故处理

（一）电流互感器运行时的常见故障

1）运行过热，有异常的焦臭味，甚至冒烟。产生此故障的原因是：二次开路或一次负荷电流过大。

2）内部有放电声，声音异常或引线与外壳间有火花放电现象。产生此故障的原因是：绝缘老化、受潮引起漏电或电流互感器表面绝缘半导体涂料脱落。

3）主绝缘对地击穿。产生此故障的原因是：绝缘老化、受潮、系统过电压。

4）一次或二次绕组匝间、层间短路。产生此故障的原因是：绝缘受潮、老化、二次开路产生高电压，使二次绕组匝间绝缘损坏。

5）电容式电流互感器运行中发生爆炸。产生此故障的原因是：正常情况下其一次绕组主导电杆与外包铝箔电容屏的首屏相连，末屏接地。运行过程中，由于末屏接地线断开，末屏对地会产生很高的悬浮电位，从而使一次绕组主绝缘对地绝缘薄弱点产生局部放电。电弧将使互感器内的油电离汽化，产生高压气体，造成电流互感器爆炸。

6）充油式电流互感器的油位急剧上升或下降。产生此故障的原因是：油位急剧上升是由于内部存在短路或绝缘过热，使油膨胀引起；油位急剧下降可能是严重渗油、漏油引起。

（二）电流互感器二次侧开路及处理

当运行中的电流互感器二次侧开路时，有如下现象：铁心发热，有异常气味或冒烟；铁心电磁振动较大，有异常噪声；二次侧导线连接端子螺钉松动处，可能有滋火现象和放电响声，并可能伴有相关表计指示摆动的现象；相关电流表、功率表、电能表指示减小或为零；差动保护"回路断线"光字牌亮。

1. 二次回路断线的可能原因

1）安装处有振动存在，导致二次侧导线端子松脱开路。

2）保护或控制屏上电流互感器的接线端子连接片因带电测试时误断开或未压好，造成二次侧开路。

3）二次侧导线因机械损伤断线，使二次侧开路。

2. 电流互感器二次侧开路的处理方法

1）停用有关保护，防止保护误动。

2）值班人员穿绝缘靴、戴绝缘手套，将电流互感器二次侧的接线端子短接。若属于内部故障，应停电处理。

3）二次侧开路电压很高，若限于安全距离人员不能靠近，则必须停电处理。

4）若是二次接线端子螺钉松动造成二次侧开路，在降低负荷和采取必要安全措施的情况下（有人监护、有足够安全距离、使用有绝缘柄的工具），可以不停电拧紧松动的螺钉。

5）若内部冒烟或着火，需用断路器开断该电流互感器电路。

任务十一　消弧线圈的异常运行及事故处理

一、消弧线圈的异常运行及处理

消弧线圈运行时，发生下述现象之一者，则为消弧线圈发生异常。

1）油位异常。油标内的油面过低或看不见油位。造成油面过低的原因可能是：渗漏油；检修人员放油后未补油；天气突然变冷，且原来储油柜中油量不足。

2）接地线折断或接触不良。接地线腐蚀或机械损伤断线，接地线螺钉松动造成接触不良。

3）分接开关接触不良。消弧线圈多次调整匝数及检修安装不良，造成分接头松动，压力不够，使接触不良。

4）消弧线圈的隔离开关严重接触不良或根本不接触。由于隔离开关本身存在多方面的缺陷，使其触头接触不良或根本不接触。

处理上述缺陷前，应查明补偿网络运行正常，无接地故障，在得到调度同意后，拉开消弧线圈的隔离开关（变压器继续运行），然后处理上述缺陷。

二、消弧线圈的事故处理

消弧线圈运行时，发生下述故障之一者，则为消弧线圈发生事故。

1）消弧线圈防爆门破裂，向外喷油。

2）消弧线圈动作（带负荷运行）后，上层油温超过95℃，且超过允许运行时间。

3）消弧线圈本体内有强烈不均匀的噪声或放电声。

4）消弧线圈冒烟或着火。

5）消弧线圈套管放电或接地。

处理上述故障时，应先向系统调度员汇报，在得到调度同意后，拉开有接地故障的线路，再停用与故障消弧线圈相连的变压器（断开变压器各侧断路器），最后拉开消弧线圈的隔离开关。严禁在消弧线圈带负荷且本身有故障的情况下，直接拉开其隔离开关进行处理。

任务十二　电抗器的异常运行及事故处理

一、并联电抗器的异常运行及事故处理

（一）并联电抗器的常见故障

1）一般故障。一般常见故障有：电抗器储油柜油位与温度对应值不符合规定（超过规定的10%）；套管一般破损，但能继续运行；套管污染，灰垢较严重；金具连接螺钉少量松脱；储油柜吸湿器管道堵塞，油封杯油位缺油，硅胶变色超过70%；油箱渗油。

2）重大故障。常见的重大故障有：正常负荷下，电抗器的上层油温超过85℃，油温升

超标；正常负荷情况下，引出线断股、抛股，引出线接头严重发热，超过70℃；储油柜油位低于正常油位的3/4；套管油位降低至1/4；套管严重破损，但不放电；气体继电器内含有气体；电抗器试验不合格，能暂时运行；压力释放装置漏油；本体严重漏油。

3）紧急故障。正常负荷下，油温急剧上升或超过105℃；正常负荷下，引线接头发红或引线断脱落；储油柜油位指示为零；本体内部有异常声音或放电、爆炸声；电抗器冷却装置油路堵塞（包括阀门故障）；套管油位无指示；套管严重破损，并有放电闪络现象；电抗器主保护跳闸；压力释放装置、温度监视测量装置任一动作或跳闸；电抗器爆炸、着火或本体喷油；电抗器试验严重不合格，不能继续运行。

（二）并联电抗器的异常运行及事故处理

并联电抗器存在缺陷（或故障）但能继续运行，且不满足正常运行的要求，则为异常运行。并联电抗器运行中出现故障，使其跳闸，则为事故跳闸。下面就并联电抗器主要的常见故障介绍其异常运行及事故处理情况。

（1）电抗器温度高报警 电抗器"温度高"报警时，应立即检查电抗器的电压和负荷（无功功率）；到现场检查电抗器上的温度计指示，并与控制屏上远方测温仪表指示值相对照；对电抗器的三相进行比较，以查明原因；同时检查电抗器的油位、声音及各部位有无异常；如果现场温度并未上升，而远方指示温度上升，则可能测温回路有问题，如果现场和远方温度指示都未上升而发生"温度高"报警时，可能是温度继电器或二次回路故障，应立即向调度报告，申请停用温度保护，以免误跳闸。如果检查电抗器本体无异常，可继续运行，但应加强监视，注意油温上升及运行情况。

（2）电抗器轻瓦斯动作报警 电抗器轻瓦斯动作报警时，应检查其温度、油位、外观及声音有无异常，检查气体继电器内有无气体，用专用的注射器取出少量气体，试验其可燃性。如气体可燃，可断定电抗器内部有故障，应立即向调度报告，申请停用电抗器。在调度未下令将其退出之前，应严密监视电抗器的运行状态，注意异常现象的发展与变化。

气体继电器内的大部分气体应保留，不要取出，由化验人员取样进行色谱分析。

如果气体继电器内并无气体，可能是轻瓦斯误动，应进一步检查误动原因，如振动、二次回路短路等。

（3）电抗器跳闸 电抗器自身组件保护动作跳闸时，处理方法如下：

1）立即检查电抗器是否仍带有电压，即线路对侧是否跳闸。如对侧未跳闸，应报告调度通知对侧紧急切断电源。

2）立即检查电抗器温度、油面及外壳有无故障迹象，压力释放阀是否动作；根据检查情况进行综合判断：如气体、差动、压力、过电流保护有两套或以上同时动作，或明显有故障迹象，应判断内部有短路故障，在未查明原因并消除前，不得将电抗器投入运行。

气体继电器保护动作，按前述步骤检查；差动保护动作，如无其他故障迹象，应检查电流互感器二次回路端子有无开路现象；压力保护动作，应检查有无喷油现象，压力释放阀指示器是否射出。

（4）电抗器着火 电抗器着火时，应立即切断电源（包括线路对侧电源），并用灭火器快速进行灭火，如溢出的油使火在顶盖上燃烧，可适当降低油面，避免火势蔓延。如电抗器内部起火，则严禁放油，以免空气进入引起严重的爆炸事故。

（5）停用电抗器的情况 下列情况下应停用电抗器：

1）电抗器内部有强烈的爆炸声和放电声。

2）压力释放装置向外喷油或冒烟。

3）在正常情况下，电抗器的温度不断上升，并超过105℃。

4）电抗器严重漏油使油位下降，并低于油位计的指示限度。

停用时，应向调度报告，按调度令，先断开对侧断路器，后断开本侧断路器。

二、串联电抗器的异常运行及事故处理

（一）电抗器局部过热

发现局部过热时，用试温蜡或专用测温计测试其温度，判明发热程度，必要时，可加装强力通风机加强冷却或减低负荷，使温度下降。若无法消除严重发热或发热程度有发展，应停电处理。

（二）支柱绝缘子裂纹接地

支柱绝缘子因短路裂纹接地，线圈凸出和接地或水泥支柱损伤，均应停电处理。

（三）电抗器断路器跳闸

如电抗器保护动作跳闸，应查明保护装置动作是否正常，检查水泥支柱和引线支柱瓷绝缘子是否断裂，电抗器的部分线圈是否烧坏。电抗器断路器跳闸后，若未查明原因，禁止送电，由检修人员处理合格后方可送电运行。

电抗器故障后，应立即隔离故障点，恢复母线正常运行，并加强监视。

任务十三 电力电缆的异常运行及事故处理

一、电力电缆的异常运行

（一）电压异常

电力电缆的运行电压超过额定电压的15%时，易造成电缆绝缘击穿，应进行电压调整，使运行电压在允许范围内。

（二）温度异常

电力电缆运行时，运行温度超过了允许值，造成电缆运行温度过高的原因，可能是过负荷、系统短路、环境温度过高及散热不良。电缆运行温度过高会加速电缆的绝缘老化、缩短使用寿命，并可能造成事故。

当运行中的电缆温度过高时，应减小负荷，使电缆温度降低到允许范围内；小接地电流系统发生永久性接地时，该系统中的电力电缆允许继续运行的时间不超过2h。

（三）过负荷

在负荷紧张或发生事故的情况下，电力电缆会过负荷运行，过负荷运行可能使其温度过高，为此，应遵守下述规定：

1）事故情况下，3kV及以下的电缆允许过负荷10%连续运行2h；10kV及以上的电缆允许过负荷15%连续运行2h。

2）在负荷紧张的情况下，可按表4-1运行。

表 4-1　电力电缆允许过负荷倍数及过负荷时间（负荷紧张时）

过负荷前 5h 平均负荷率（%）	0		50		70
截面积为 120～240mm² 允许过负荷倍数	1.25		1.2		1.15
截面积为 240mm² 以上允许过负荷倍数	1.45	1.2	1.4	1.15	1.3
允许过负荷时间/min	30	60	30	60	30

注：负荷率 = 平均有功功率/最大有功功率。

（四）电缆头漏油

运行中的油浸纸电缆，常常发生电缆头漏油，漏油的原因可能是：电缆头密封不严；电缆两端落差大产生静压力；电缆运行线芯温度高，内部绝缘油膨胀，油压增大，油从电缆头溢出；电缆内部短路，产生冲击油压，使油从电缆头溢出，有时产生电缆爆炸。漏油严重，时间较长，会使内部产生气隙，导致电缆干枯，潮气进入，影响电缆的安全运行。

电缆头漏油应停电重新做电缆头。

二、电力电缆的事故处理

（一）电缆头电晕放电

产生电晕放电的原因是：电缆三芯分支处距离太小；电缆分支表面及三叉处集灰、脏污、集垢使绝缘能力降低；电缆头潮湿、积水、通风不良引起放电。

采用瓷套管的电缆头，闪络放电的主要原因有：电缆头引线距离太近及接头接触不良造成过热或电缆头渗油、漏油使潮气进入，导致闪络及绝缘击穿放电。

（二）电缆头冒烟

电缆头引线接头接触不良，脱焊，使接头处包扎的绝缘材料发热冒烟。

（三）电缆机械损伤造成短路

在施工挖土时，将埋入地下的电缆绝缘保护层挖破造成短路；电缆弯曲半径太小，使绝缘损坏短路。

（四）电缆着火和爆炸

电缆短路、长期过载、电缆漏油、电缆处明火作业，电焊渣掉入电缆沟内以及外界火源均会引起电缆着火及爆炸。

凡发生上述情况，均立即断开电源进行处理。

思 考 题

1. 发电机常见的故障以及异常运行有哪些？
2. 变压器常见的故障以及异常运行有哪些？
3. 发电机定子、转子发生故障应该如何处理？
4. 发电机非同期并列的含义是什么？发电机失磁的含义又是什么？
5. 断路器主要的检查项目有哪些？
6. 互感器的作用有哪些？电流互感器和电压互感器运行中检测的项目有哪些？
7. 隔离开关运行中需要检测哪些内容？
8. 电抗器异常运行应如何处理？

项目五　蓄电池组直流系统及二次回路运行

➢ 项目教学目标
◆ 知识目标
掌握蓄电池组直流系统的作用及运行方式。

熟悉发电机、变压器、母线、线路、自用电继电保护装置的配置。
◆ 技能目标
会蓄电池组直流系统的维护操作。

能够进行发电机、变压器、母线、线路及厂用变压器和电动机继电保护装置试验。

任务一　熟悉蓄电池组直流系统

一、蓄电池组直流系统的作用及要求

由蓄电池组和硅整流充电器组成的直流供电系统，称为蓄电池组直流系统。

为向发电厂及变电站的开关操作、信号装置、继电保护装置、自动装置、远动装置、通信设备、事故照明、直流油泵、热工保护和自动控制、交流不停电电源装置（UPS）供电，一般都装设专用的蓄电池组直流系统。

蓄电池组直流系统运行时，要求有足够的可靠性和稳定性，即使在全厂停电，交流电源全部消失的情况下，也要求直流系统能持续地向直流负载供电，特别是大容量机组对其运行的安全性和可靠性提出了更高的要求。我国中、小容量机组的发电厂，一般设置一套独立的全厂公用的蓄电池直流系统，根据需要，该直流系统装设 2、3 组蓄电池。对于 300MW、600MW 的火电机组，则每台机组设置一套独立的直流系统，每套直流系统由一组或两组蓄电池及充电装置组成。设置一组蓄电池时，机组的控制（断路器控制、信号回路、继电保护回路）和动力（断路器合闸回路）直流负荷合在一起供电；设置两组蓄电池时，控制和动力直流负荷分开供电。

二、直流系统的电压

为了满足直流负荷的供电要求，直流系统的电压一般按下述规定选用：

1）控制负荷、动力负荷、直流事故照明等公用的蓄电池组直流系统，电压采用 220V 或 110V。如中、小容量机组电厂的直流系统，控制与动力负荷共用的 300MW 火电机组直流系统，电压一般都采用 220V。

2）专用的控制负荷蓄电池组直流系统电压（含网控室直流事故照明）采用 110V。

3）动力负荷和直流事故照明负荷的蓄电池组直流系统电压采用 220V。300MW 及以上火电机组，其控制与动力直流负荷通常分开，故控制用与动力用直流系统电压分别采用110V 和 220V。

4）对强电回路（电压在100V 及以上的回路），蓄电池组直流系统电压采用 220V 或 110V；对 500kV 变电站弱电回路（电压在 48V 及以下，电流为毫安级的回路），直流电压采用 48V。

三、蓄电池直流系统的接线方式

全厂共用的直流系统接线如图 5-1 所示，220V 直流母线有两段，两段母线之间有联络刀开关 QK_s，每段母线上分别装有一组蓄电池组和一套充电器。老式电厂直流母线上装有定期充电用的充电机（直流发电机）和用于浮充电的硅整流装置。目前采用的新式充电器既可用于浮充电，也可用于定期充电和均衡充电，故老式的充电机已经不采用。

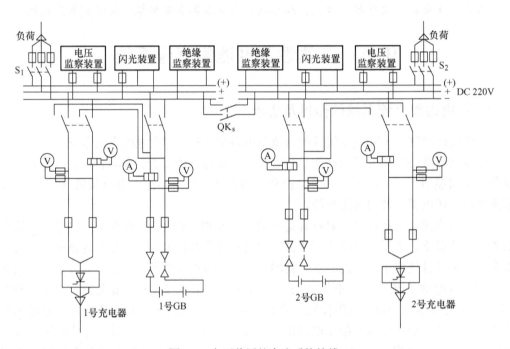

图 5-1　全厂共用的直流系统接线

图 5-2 为 300MW 火电机组控制与动力直流负荷共用的直流系统接线。直流母线分成两段，两段母线之间设有联络刀开关 QK_1、QK_2，一组蓄电池通过刀开关同时接入两分段母线，两分段母线上各装一台充电器。

图 5-3 为 300MW 汽轮发电机组控制与动力直流负荷分开供电的直流系统接线。该系统将一套独立的直流供电系统分成 110V 控制负荷直流系统和 220V 动力负荷直流系统两部分。这两种直流系统的接线相同，如图 5-3 所示。其接线是直流母线为一段，母线上装有一组蓄电池和一台充电器，另一台充电器作为两台机组的公共备用。当厂内有多台机组时，每段直流母线之间通过联络电缆和联络刀开关相连，可以互为备用。

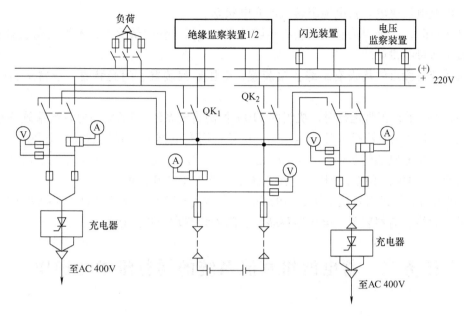

图 5-2　300MW 火电机组控制与动力直流负荷共用直流系统接线

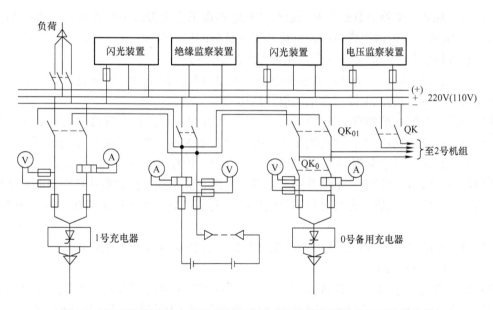

图 5-3　300MW 汽轮发电机组控制与动力直流负荷分开供电直流系统接线

四、蓄电池组直流系统的正常运行方式

全厂共用的直流系统运行方式如图 5-1 所示。正常运行时，直流母线分段运行，分段刀开关 QK。断开，每一母线上的充电器与蓄电池组并列运行，采用浮充电运行方式。直流系统按浮充电方式运行时，充电器一方面向直流母线供给经常性直流负荷（如信号灯），同时还以很小的电流向蓄电池组浮充电，以补偿蓄电池的自放电损耗。当直流系统中出现较大的冲击性直流负荷时（如断路器合闸时的合闸电流），由蓄电池组供给。冲击负荷消失后，母

线负荷仍由充电器供电，蓄电池组转入浮充电状态。

正常运行时，必须保证直流系统有足够的浮充电流。任何情况下，不得用充电器单独向各个直流工作母线供电。

直流系统每段母线均设有绝缘监察装置、电压监察装置、闪光装置，正常运行时均应投入。

如图 5-3 所示，正常运行时，机组的 110V 控制直流系统、220V 动力直流系统均按浮充电方式运行。1 号充电器投入浮充电运行，0 号备用充电器处于备用状态，分别作 1 号、2 号机组直流系统充电器的备用，0 号备用充电器与 1 号、2 号机组直流系统充电器之间的联络刀开关 QK_{01}、QK_{02}（在 2 号机组直流系统中）均处于断开位置。

1 号机组与 2 号机组直流系统之间的联络刀开关 QK 断开，两机组的直流系统互为备用。

母线上的绝缘监察装置、电压监察装置、闪光装置均应投入运行。

任务二　蓄电池组直流系统的运行维护与操作

一、直流系统运行的规定

1）蓄电池和充电器装置必须并列运行。充电器提供直流母线上的正常负荷电流和蓄电池组的浮充电流，蓄电池组作为冲击负荷和事故负荷的供给电源。

2）正常情况下，直流母线不允许脱离蓄电池组运行。

3）充电器故障时，可短时由蓄电池组单独供给负荷。若短时不能恢复，必须退出故障的充电器，投入备用的充电器与蓄电池组并列运行。

4）当两组直流系统均有接地信号时，严禁将其并列运行，也不宜将两组蓄电池长期并列运行。只有在特殊情况下，如直流接地选择、处理事故等，才允许短时并列运行。

5）双回路供电且负荷侧有联络刀开关时，不论电源侧是否在同一母线上，均应在负荷侧的解列点断开，各自供电，不得并列。若置于两组直流母线之间的负荷环网回路必须倒换时，应先投母联刀开关后，方可进行不停电倒换。倒换完毕，还必须在断开点挂"解列点"标志牌。

6）直流系统的任何并列操作，必须先在并列点处核对极性及电压差正常（电压差为 2 ~3V）后，方可进行并列。

7）充电器有"手动"、"自动"、"浮充"、"均充"4 种运行方式。正常运行时应采用"自动"、"浮充"方式，若自动方式因故障不能运行时，则切换至备用充电器运行。"均充"运行方式只在对蓄电池组进行充放电时采用。"手动"、"浮充"方式一般不宜作为长期带负荷运行的方式，只有在"自动"、"浮充"方式及备用充电器均不能正常投入工作时，才允许按此方式短时间带负荷运行。

8）在对一组蓄电池进行定期充、放电期间，为保证直流系统的可靠运行，共用的备用充电器仍只能作备用，不允许将它用于对检修保养的蓄电池进行充、放电。

二、直流系统的运行维护

1. 直流系统的运行监视

1）直流母线电压监视。正常运行时，应监视并维持直流母线电压在规定范围。通常直流母线的运行电压比额定电压高3%～5%，即对于220V直流系统，母线运行电压为227～231V；对于110V直流系统，母线运行电压为113～116V。当母线电压过高或过低时，电压监察装置报警，此时应将母线电压调整在规定范围。

2）浮充电流的监视。正常运行时，应监视浮充电流在规定值。浮充电流的大小决定蓄电池的使用寿命。浮充电流过大，使蓄电池过充电，造成正极板脱落物增加；浮充电流过小，使蓄电池欠充电，造成负极板脱落物增加及硫化，故浮充电流过大或过小都影响蓄电池的寿命。根据运行经验，浮充电流的大小以使单个电池的电压保持在2.1～2.2V为宜。当单个电池的电压在2.1V以下时，应增加浮充电流；超过2.2V时，应减少浮充电流。

3）直流系统的绝缘监视。利用直流绝缘监察装置监测直流系统的绝缘。值班人员接班前，都要通过直流绝缘监察装置测量正极和负极对地电压，根据测得的电压值大小，判断直流系统对地的绝缘状况。当绝缘监察装置报警时，则说明直流系统对地绝缘能力严重降低或接地，应及时查找接地故障点并处理。

4）蓄电池容量的监视。蓄电池组装有"蓄电池容量监视装置"。蓄电池运行时，该装置监视其容量的变化，当该装置显示其容量低于额定值时，应及时加以补充。

2. 直流系统的维护与检查

1）直流盘的检查。直流盘的检查内容有：检查盘上的闪光装置动作应正常；各表计及指示灯指示应正常；盘内无异常响声及气味；盘面、盘内清洁无杂物；盘上各断路器、刀开关、熔断器完好。

2）蓄电池的维护与检查。蓄电池的维护工作主要有：电解液的配制；向蓄电池加注蒸馏水或电解液，使电解液液面和密度保持在正常范围；对蓄电池进行定期充、放电；蓄电池端电压、密度、液温的监视与测量，并做好记录；处理蓄电池内部缺陷（如极板短路、生盐、脱落）；保持蓄电池及室内清洁等。

蓄电池的检查项目有：检查蓄电池室，应清洁、干燥、阴凉、通风良好、无阳光直射，室温为5～40℃、相对湿度不大于80%；检查电解液，应透明、无沉淀、液面正常且无渗漏，电解液密度、温度、单电池电压正常；各连接头及连接线无松脱、短路、接地现象；极板颜色正常、无腐蚀变形现象；室内无火种隐患。

3）充电器的维护检查。起动前的检查项目有：检查装置有无异常，如紧固件有无松动，导线连接处有无松动，焊接处有无脱焊等；检查绝缘电阻应满足要求，主电路各部分用500～1000V绝缘电阻表测量，其绝缘电阻应不小于0.5MΩ；装置上的各表计、信号、指示灯、断路器、切换把手、刀开关等均应正常。

运行中的检查项目有：充电器各元器件、接头无过热现象；运行中无异常响声、强振和放电现象；浮充电流在正常范围，充电母线电压在规定范围；表计指示及信号正确，各熔断器无熔断现象。

三、直流系统的运行操作

1. 充电器浮充方式投入的操作

图 5-4 为充电器的模拟接线。起动操作之前，对充电器装置进行全面检查应无异常，装置的断路器及刀开关均应在断开位置；主回路电源熔断器，控制、测量及直流输出熔断器均完好，将表盘上的"电压调节"、"电流调节"旋钮反时针方向调至最小位置。充电器装置按"自动"、"浮充"方式与直流母线并列的操作步骤如下：

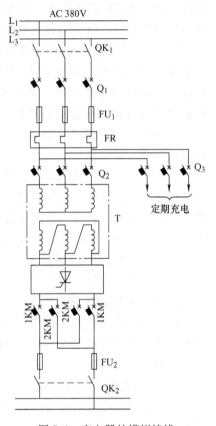

图 5-4　充电器的模拟接线

1）装上充电器直流输出熔断器 FU_2。

2）装上充电器交流输入熔断器 FU_1。

3）合上交流电源刀开关 QK_1，并检查已合好。

4）装上电源开关 Q_1 的控制熔断器，按下起动按钮，将 Q_1 合上。

5）将充电器的"手动-自动"切换开关切至"自动"位置（自动稳压）。

6）检查充电器表盘上的"电压调节"、"电流调节"旋钮在最小位置。

7）合上充电器（晶闸管整流器）的控制电源开关。

8）装上浮充开关 Q_2 的控制熔断器后合上 Q_2。

9）调节"电压调节"旋钮，使电压平稳上升至正常值，待正常后再降至零值。

10）合上直流母线刀开关 QK_2，并检查已合好。

11）合上直流接触器 1KM（逆变接触器 2KM 在断开位置）。

12）调节"电压调节"和"电流调节"旋钮（电流调节配合电压调节）至适当位置，使电压升至规定值。至此，充电器浮充方式投入的操作完毕。

如果该充电器用于对蓄电池组均衡充电或定期充电，则将上述的 Q_2 断开，合上 Q_3，便转为均衡充电或定期充电运行方式。

2. 充电器的停用操作

1）将充电器的"电压调节"和"电流调节"旋钮沿逆时针方向调至最小位置，检查电压、电流应回零。

2）断开浮充开关 Q_2，并取下其控制熔断器。

3）断开充电器的控制电源开关。

4）将充电器运行方式切换开关切至"停用"位置。

5）断开直流接触器 1KM。

6）拉开直流母线刀开关 QK_2。

7）断开交流电源断路器 Q_1，并取下其控制熔断器。

8）拉开交流电源刀开关 QK_1。

9）取下熔断器 FU_1、FU_2。

3. 充电器使用注意事项

1）使用时，必须严格执行规程。

2）在合交流电源开关之前，必须将"电压调节"、"电流调节"旋钮（即电位器）调至零位，预防输出电压或电流初始值设置过高，在给电瞬间产生过电压或过电流而损坏整流主电路元器件或系统中其他电气设备。

3）当装置出现故障时，保护动作并报警。为安全处理故障，可拉开交流电源断路器。若装置出现输出过电压或过电流故障，可将电压、电流调节旋钮旋转到零位，按动两次报警、保护复归按钮后，装置自动解除保护功能，再重新旋转"电压调节"、"电流调节"旋钮，使装置输出达到实际使用值。

4）不允许装置在低于 50% 额定输出电压状态下，长期、连续满负荷运行。否则，将导致晶闸管整流器件温升过高而损坏。

四、直流系统的异常运行

1. 直流母线电压过高或过低

（1）故障现象　中央音响信号"警铃"响；"直流母线故障"光字牌亮；直流母线电压指示偏离允许值。

（2）故障处理

1）检查电压监察装置的电压继电器动作是否正确。

2）观察充电器装置输出电压和直流母线绝缘监视仪表显示，或用万用表测量母线电压，综合判断直流母线电压是否异常。

3）调整充电器的输出，使直流母线电压和浮充电流恢复正常。

4）若直流母线电压异常，一般是充电器装置故障引起的，则应停用该充电器，倒换为备用充电器运行。

2. 直流系统接地

（1）故障现象　中央音响信号"警铃"响；"直流母线故障"光字牌亮；直流系统绝缘监视装置的"绝缘降低"指示灯亮；测量直流母线正、负极对地电压，极不平衡。

（2）故障处理　为防止一点接地后又出现另一点接地，引起保护误动或拒动，或造成两极接地短路，烧坏蓄电池，故必须迅速消除直流系统一点接地故障。寻找接地点的方法、原则和顺序如下：

1）寻找接地点的方法。

采用瞬时停电法寻找接地点，即瞬时拉开某直流馈线的开关，又迅速合上（切断时间不超过 3s）。拉开时，若接地信号消失，且各极对地电压指示正常，则接地点在该回路中。

2）寻找接地点的原则。

① 对于双母线的直流系统，应先判明哪一母线发生接地；

② 按先次要负荷后重要负荷、先室外后室内顺序检查各直流馈线，然后检查蓄电池、充电设备、直流母线；

③ 对次要的直流馈线（如事故照明、信号装置、合闸电源）采用瞬停法寻找，对不允许短时停电的重要馈线（如跳闸电源），应先将其负荷转移，然后再用瞬停法寻找接地点。

3）寻找接地点按以下顺序进行：

① 判明接地极性和接地程度。利用直流绝缘监察装置测量正、负极对地电压。绝缘良好时，正、负极对地电压相等或均为零；若正极对地电压升高或等于母线电压，负极电压降低或等于零，则为负极绝缘降低或接地；反之，为正极绝缘降低或接地。

② 检查检修设备或刚送电设备的直流馈线回路是否接地。

③ 检查直流照明和动力回路是否接地。

④ 检查闪光装置、直流绝缘监察装置回路是否接地。

⑤ 检查控制、信号回路是否接地（先停用有关保护）。

⑥ 检查充电装置和蓄电池是否接地。

⑦ 经上述检查未找出接地点，则为母线接地。

3. 充电器装置故障

充电器的常见故障有：

1）装置输出发生过电压与过电流。当装置输出发生过电压与过电流时，装置能够自动保护并发出声光报警信号。此时，应将"电压调节"、"电流调节"旋钮旋转到零位，按动两次报警、保护复归按钮，再重新调节"电压调节"、"电流调节"旋钮，使电压或电流达到实际使用值。

2）交流输入故障。当输入交流出现故障时，装置能够自动保护并发出声光报警信号。此时，应拉开装置输入电源开关，解除装置的警铃声响，待输入交流故障排除后，再合上电源开关，按正常操作程序重新起动装置。

3）熔断器熔断。当装置整流变压器 T（见图 5-4）的一次保护熔断器（或二次保护熔断器）熔断时，装置能够自动保护，并发出声光报警信号。此时，应拉开交流输入电源开关，查找熔断器熔断原因。排除故障后，更换与原熔断器容量相同的熔体，按正常操作程序重新起动装置。

4）装置达不到标称额定电压。当装置达不到标称额定电压时，第一步检查装置三相交流输入的相序是否与装置要求相符；第二步检查整流变压器二次电压是否满足要求（即 $U = 1.35U_2$，其中 U 为直流输出电压，U_2 为整流变压器输出电压，1.35 为三相整流系数）；第三步检查 6 路脉冲波形是否正常；第四步检查整流主电路的 6 只晶闸管有无损坏。

五、直流系统的事故处理

1. 充电器装置跳闸

（1）故障现象　充电器装置盘上的事故扬声器响；"整流装置交流失电"光字牌亮；充电器装置输出电流为零；蓄电池组处于放电状态，直流母线电压下降。

（2）故障处理

1）复归音响信号。

2）检查信号及保护动作情况，判明跳闸原因。

3）将充电器装置停电，并进行外部检查。

4）外部检查无异常，若是交流电源熔断器熔断引起，则更换熔断器后，按正常操作程序将充电器恢复运行。

5）若是直流电压高或低引起跳闸（伴随有"电压高"或"电压低"光字牌信号），则将信号复归后，再将装置起动，调整输出电压至正常值。

6）若起动后又跳闸，则应倒换至备用充电器运行。

2. 蓄电池出口熔断器熔断

（1）故障现象　中央音响动作，"蓄电池熔断器熔断"光字牌亮（或"蓄电池熔断器监视灯"灭）；直流母线电压波动；蓄电池的浮充电流为零。

（2）故障处理

1）复归中央音响信号。

2）检查蓄电池出口熔断器已熔断；调整充电器装置的输出，保持直流母线正常供电；测量蓄电池出口电压和熔断器两端电压差，判明熔断器熔断原因并更换熔体，恢复正常运行。

3）一时不能查明原因或故障一时不能消除，则将该直流工作母线退出运行，倒换为另一直流母线供电。

3. 直流系统母线失电压

（1）故障现象　失电压母线的电压为零；"直流母线故障"光字牌亮；充电器装置跳闸，输出电流为零；直流盘配电各路负荷、电源的监视灯均熄灭，该直流系统的控制盘信号灯全部熄灭。

（2）故障处理

1）拉开母线上的所有负荷，检查母线是否正常。

2）检查蓄电池出口熔断器是否熔断。

3）检查充电器装置跳闸原因。

4）如为蓄电池故障引起，则应将该直流系统母线与另一台机组的直流系统联络运行。该故障蓄电池和对应的充电器装置退出运行。

4. 蓄电池室着火

蓄电池室着火时，将该蓄电池及其充电装置停止运行，并将该直流母线倒换由另一台机组直流系统供电。用二氧化碳或四氯化碳灭火器灭火。

任务三　熟悉发电机、变压器、母线、线路及厂用变压器和电动机继电保护装置的配置

一、发电机继电保护的配置、保护范围及运行注意事项

由于发电机的容量相差悬殊，在设计、结构、工艺、励磁乃至运行等方面都有很大差异，这就使发电机及其励磁回路可能发生的故障、故障几率和不正常工作状态（异常运行方式）有所不同。对于发电机可能发生的故障和不正常工作状态，应根据发电机的容量有选择性地装设保护。

1. 发电机可能发生的主要故障及不正常工作状态

1）主要故障有：定子绕组相间短路、定子绕组一相匝间短路、定子绕组一相绝缘破坏引起的单相接地、转子绕组（励磁回路）接地、转子励磁回路低励（励磁电流低于静稳极限所对应的励磁电流）、失去励磁（励磁电流为零）。

2）主要不正常工作状态有：过负荷、定子绕组过电流、定子绕组过电压（水轮发电

机、大型汽轮发电机)、三相电流不对称、失步(大型发电机)、逆功率、过励磁、断路器断口闪络、非全相运行等。

2. 发电机应装设的继电保护装置及作用

(1)纵联差动(简称纵差)保护 为定子绕组及其引出线的相间短路保护(作为1MW以上发电机的主保护),瞬时动作于停机(断开发电机断路器、励磁开关,关闭汽轮机主汽门或水轮机导叶)。

发电机-变压器组中,当发电机与变压器之间有断路器时,发电机应装设单独的纵差保护。当发电机与变压器之间没有断路器时,100MW及以下的发电机只装设发电机-变压器组共用的纵差保护;100MW以上的发电机装设发电机-变压器组共用纵差保护和发电机纵差保护;200~300MW的发电机-变压器组也可在变压器上增设纵差保护,即采用双重快速保护。

300MW及以上的汽轮发电机-变压器组应采用双重快速保护,即装设发电机纵差保护、变压器纵差保护和发电机-变压器组共用纵差保护。

(2)横联差动(简称横差)保护 为定子绕组一相匝间短路保护(作为发电机定子绕组为星形联结,每相有并联分支且中性点有分支引出端子的发电机的主保护),瞬时动作于停机。

但汽轮机励磁回路一点接地后,为防止横差保护在励磁回路发生瞬时第二点接地时误动作,可将其切换为带短时限动作于停机。

(3)单相接地保护 为发电机定子绕组的单相接地保护。

1)选择性单相接地保护:带时限动作于发信号。当消弧线圈退出运行或由于其他原因使残余电流大于接地电流允许值时,应切换为动作于停机。对于100MW以下的发电机,应装设保护区不小于90%的定子接地保护;对于100MW及以上的发电机,应装设100%定子接地保护。

2)绝缘检查装置:选择性接地保护由于运行方式改变及灵敏系数不符合要求等原因不能动作时,可由绝缘检查装置(单相接地检查装置)动作于发信号。

(4)励磁回路接地保护 为励磁回路的接地故障保护,分为一点接地保护(带时限动作于发信号)和两点接地保护(带时限动作于停机)。

水轮发电机上装设一点接地保护;100MW以下中小型汽轮发电机装设定期检测装置,当检查出励磁回路一点接地后再投入两点接地保护;100MW及以上大型汽轮发电机装设一点接地保护。

(5)低励、失磁保护 为防止大型发电机(100MW及以上)低励磁或失去励磁后,从系统中吸收大量无功功率而对系统产生不利影响,对汽轮发电机失磁后母线电压低于允许值时,带时限动作于解列(断开发电机断路器,汽轮机甩负荷)或程序跳闸(对汽轮发电机首先关闭主汽门,待逆功率继电器动作后,再跳开发电机断路器并灭磁)。失磁后当母线电压未低于允许值时,动作于发信号、切换厂用电源,在有条件时也可动作于自动减出力(将原动机出力减到给定值)。

水轮发电机的失磁保护带时限动作于解列。

(6)过负荷保护 发电机长时间超过额定负荷运行时的保护。中、小型发电机的过负荷保护动作于发信号;300MW及以上大型发电机的过负荷保护动作于停机(采用程序跳闸方式)。

(7)励磁绕组过负荷保护 对励磁系统故障或强励时间过长引起的励磁绕组过负荷,在100MW及以上、采用半导体励磁系统的发电机上,应装设励磁绕组过负荷保护;对于

300MW 以下、采用半导体励磁系统的发电机，保护带时限动作于信号和动作于降低励磁电流；对 300MW 及以上发电机，保护由定时限和反时限两部分组成。定时限动作于信号，并动作于降低励磁电流；反时限动作于解列、灭磁。

（8）定子绕组过电流保护　当发电机纵差保护范围外发生短路，而短路元器件的保护或断路器拒绝动作，由过电流保护动作可靠切除故障；过电流保护还兼作纵差保护的后备保护。保护带有二段时限，以较短的时限动作于缩小故障影响范围或动作于解列，以较长的时限动作于停机。

（9）定子绕组过电压保护　水轮发电机和 200MW 及以上大型汽轮发电机都装设过电压保护，以切除突然甩去全部负荷后引起的定子绕组过电压。保护动作于解列、灭磁。

（10）负序电流保护　用来反映电力系统发生的不对称短路、非全相运行或三相负荷不对称。定时限动作于信号，反时限动作于解列或程序跳闸。

（11）失步保护　对 300MW 及以上大型发电机装设，用来反映系统振荡过程的失步保护，通常动作于信号。

（12）逆功率保护　当汽轮机主汽门误关闭，或机炉保护动作关闭主汽门而发电机出口断路器未跳闸时，发电机失去原动力变成电动机运行，从电力系统吸收有功功率。这种工况对发电机并无危险，但由于鼓风损失，汽轮机尾部叶片有可能过热而造成汽轮机事故，故 200MW 及以上机组要装设逆功率保护，用于保护汽轮机。短时限动作于信号，长时限动作于解列。

3. 发电机保护运行注意事项

1）发电机差动保护新安装或二次回路变更时，必须带负荷测量相位和差电压，确认交流回路无误、接线正确后，才允许正式投入运行。

2）当"差动回路断线"光字牌点亮时，值班员应立即停用差动保护，断开连接片，通知继电保护班处理。

3）当"电压回路断线"光字牌点亮时，值班人员应停止复合电压闭锁过电流保护，断开连接片，查找原因，如不能及时处理则应通知继电保护班处理。

4）当发现发电机励磁回路（转子）一点接地时，值班人员应立即报告值长，经允许后将励磁回路二点接地保护投入。

5）为防止发电机无励磁运行，灭磁开关与发电机断路器联跳连接片应经常在投入位置。

二、电力变压器继电保护的配置、保护范围及运行注意事项

1. 电力变压器可能发生的主要故障及不正常工作状态（异常运行方式）

（1）主要故障　变压器故障可分为内部故障和外部故障两种。

1）变压器内部故障是指变压器油箱里面发生的各种故障，其主要类型有：各绕组之间发生的相间短路、单相绕组部分线匝之间发生的匝间短路、单相绕组或引出线通过外壳发生的单相接地故障等。

2）变压器外部故障是指变压器油箱绝缘套管及其引出线上发生的各种故障，其主要类型有：绝缘套管闪络或破碎而发生的单相接地（通过外壳）短路、引出线之间发生的相间故障等。

（2）主要不正常工作状态　由外部短路或过负荷引起的过电流，油箱漏油造成的油面

降低，变压器中性点电压升高，由于外加电压过高或频率降低引起的过励磁等。

2. 变压器应装设的继电保护装置及作用

1) 瓦斯保护：由轻瓦斯保护和重瓦斯保护组成。重瓦斯保护是变压器油箱内部故障的主保护，它反映变压器油箱内部各种形式的短路和油面降低。当油箱内部短路故障时，重瓦斯保护瞬时动作，跳开变压器各侧的断路器。当变压器油面降低和油箱内部发生故障时，轻瓦斯保护瞬时动作，发出预告信号。

当变压器具有有载调压装置时，还应装设有载调压的轻瓦斯、重瓦斯保护。

2) 纵联差动保护：是变压器油箱内部、套管和引出线故障的主保护。它反映变压器绕组和引出线的相间短路、中性点直接接地侧的单相接地短路及绕组匝间短路。纵差保护动作于瞬时断开各侧断路器。

当变压器纵差保护对中性点直接接地侧（如110kV、220kV侧）的单相接地短路灵敏度不符合要求时，还要增设零序差动保护。零序差动保护只反映单相接地故障，其动作要求和纵差保护相同。

3) 电流速断保护：对于小型变压器一般不设差动保护，当后备保护时限大于0.5s时，应设电流速断保护，作为变压器的主保护。其动作保护要求与纵差保护相同。

4) 过电流保护：一般是指复合电压闭锁过电流保护，是变压器的后备保护。它反映外部相间短路引起的变压器过电流。过电流保护动作延时跳开变压器各侧开关。

5) 零序电流保护：是变压器的后备保护，它反映三相系统中性点直接接地运行的变压器外部单相接地故障引起的过电流。保护装置根据选择要求也可装设方向元件（即零序方向过电流保护）。

6) 过负荷保护：是单相式带时限动作于信号。在无经常值班人员的变电站，过负荷保护可动作于跳闸或断开部分负荷。

7) 过励磁保护：对于高压侧电压为500kV的变压器，过励磁保护反映由频率降低和电压升高引起的变压器工作磁通密度过高。保护由两段组成，低定值段动作于信号，高定值段动作于跳闸。

8) 温度和压力保护：反映变压器温度及油箱压力升高和冷却系统故障，常根据要求装设，可作用于信号或动作于跳闸。

3. 变压器保护运行注意事项

1) 变压器运行时重瓦斯保护和差动保护必须同时投入运行，其中瓦斯保护应在投跳位置。即使是工作需要，有关工作也只能逐项进行，不准同时将差动保护及重瓦斯保护退出运行。变压器不允许无主保护运行。

2) 在正常运行方式下（主变压器分列运行）若电压回路断线，复合电压闭锁及复合电压过电流保护连接片可不予退出。

3) 重瓦斯保护连接片是可以切换的，切换连接片有两个位置：一个是信号位置；一个是跳闸位置。一般规定切换连接片的下端是信号，上端是跳闸。变压器起动冲击时，瓦斯保护必须投入跳闸。变压器遇有下列工作，如带电滤油或加油、对气体继电器或其回路进行检查或试验、瓦斯回路有直流接地、经有循环的油回路系统处理缺陷，或更换潜油泵、查找油面异常升高原因而打开有关的气塞或放油阀等，可将重瓦斯连接片由跳闸切换为信号，工作完毕后或变压器放尽空气后，再将重瓦斯连接片由信号切换为跳闸。这两项操作切换由值班员向调度申请汇报，并得到同意后，根据调度命令执行。

4）差动保护工作回路变动或差动用变流器更换后，应在一次设备充电结束后，对差动保护进行带负荷测试。此项工作虽然是继电保护人员做的，但运行值班人员也要掌握对测试结果的分析技能，不能单凭继电保护人员的结论汇报，要经过自己的分析，确认正确后才向调度汇报，将差动保护投跳。

三、母线保护的配置、保护范围及运行注意事项

（一）母线的故障类型及保护方式

1. 母线的故障类型

大多数母线故障是单相接地故障，而相间故障的几率很小。引起母线故障的原因有：母线绝缘子或断路器管套管闪络，母线切换操作时引起断路器和隔离开关支持绝缘子损坏，以及运行人员误操作等。

2. 母线的保护方式

按母线的构成方式和对工作可靠性的要求，母线保护有以下两种方式：①利用供电元件的保护装置切除母线故障（非专用母线保护）；②专用母线保护。

（二）利用供电元件的保护装置切除母线故障

在小容量发电厂和变电站中，大都采用单母线或分段单母线方式。这些母线离电力系统的电气距离通常较远，如果利用带时限的保护来切除母线的短路故障不致对电力系统的稳定运行带来严重影响，就可在这些母线上装设非专用的母线保护。这种保护方式接线简单，费用较小。

1）小型发电厂发电机电压母线上的故障可利用发电机过电流保护来切除。

2）降压变电站低压侧母线上的故障可由变压器过电流保护来切除；高压侧母线上的故障可由供电电源线路保护的Ⅱ段或Ⅲ段来切除。

（三）专用母线保护

根据系统稳定要求以及保证发电厂安全运行和对重要用户可靠供电，通常应对重要发电厂及枢纽变电站母线装设专用母线保护。

根据母线的接线方式不同，母线保护的形式和复杂程度有很大差别，目前按差动原理构成的母线保护被广泛采用。

实际中应用的母线差动保护有以下几种方案：

1）电流差动保护。

2）电流相位比较差动保护。

3）电流相位比较综合制动电流差动保护。

4）差动回路中接入低值电阻，部分强制电流综合差动保护。

5）部分强制电流、绝对值和制动的电流差动保护。

6）差动回路中接入高值电阻完全强制电流综合制动的电流差动保护。

7）电压差动保护等。

母线差动保护均瞬时动作于切除母线故障。

（四）母线充电保护

母线差动保护应保证在一组母线或某段母线合闸充电时，快速而有选择地断开有故障的

母线。为了更可靠地切除被充电母线上的故障，一般在母线断路器或母线分段断路器上设置相电流或零序电流保护，作为母线充电保护。该保护只在母线充电时投入，当充电良好后应及时停用。

（五）断路器失灵保护

当系统发生故障、保护动作，但断路器拒跳时，断路器失灵保护动作首先是经过 I 段时限断开母联或分段断路器，再经过 II 段时限切除故障线路所接母线上连接的所有元件。

（六）母线差动保护的运行注意事项

1）220kV 母线差动保护运行时应注意如下事项：

① 电流互感器回路正常，毫安表指示应与平时无大变化；

② 电压互感器回路各连接片应投断正确，无电压断线信号；

③ 直流回路正常，无断线信号；

④ 双母线及母联断路器运行时，两组母线上均应有电源断路器，母联断路器母线差动电流互感器端子应放在"正常"位置，母联断路器的母线差动跳闸选择连接片投"母联运行"位置，投入母联的母线差动跳闸出口连接片。

2）母线差动保护在下列情况下，由"双母"切换至"单母"运行：①单母线运行时；②母联断路器不作母联运行时；③母联断路器虽作母联运行，但任一母线上少于 2 个电源时；④任一母线上电压互感器退出运行时；⑤倒母线操作时。

3）母联运行，某组母线电压互感器停运或元件运行方式变化时，母线差动保护方式开关应置"破坏固定连接"位置。

4）在下列情况下应退出母线差动保护，将母线差动各跳闸连接片断开：①母线差动保护回路有工作；②母线电流互感器回路出现异常或充电电流超过允许值时；③两组母线被分成不同期的独立系统时；④当利用发电机-变压器组对母线电气设备零起升压或用电源开关向空母线冲击合闸时；⑤新线路第一次送电前；⑥母线差动装置故障时。

四、线路保护的配置、保护范围及运行注意事项

（一）3～35kV 架空电力线路保护的配置及保护范围

（1）电流保护　作为线路相间短路故障的保护，一般为三段式（或两段式），有 3 个动作范围和 3 个动作时限。

1）无时限电流速断（ I 段）为第一段，保护本线路的部分长度，保护范围随着运行方式改变而变化。

2）带时限电流速断（ II 段）为第二段，保护范围为本线路全长，并延伸到下一线路的无时限保护区，可作为第一段保护的后备段。

3）定时限过电流保护（ III 段）的保护范围为本线路和下一线路的全长并可继续延伸，作为本线路和相邻线路的后备保护。

对于不同的线路，应根据具体情况装设三段式或两段式电流保护。

（2）方向过电流保护　在过电流保护的基础上加一个方向元件的保护装置，反映线路输送短路功率的方向。当短路功率由母线送到线路上时，方向元件动作，从而使保护装置动作。

方向过电流保护装置一般装在环形电网或多电源电网中，通常将方向过电流保护与电流

速断保护构成三段式方向电流保护装置，作为相间短路故障的整套保护。

（3）绝缘监视　在35kV及以下中性点不直接接地的电网中，当线路发生单相接地时，绝缘监视装置无选择性动作，发出信号。

（二）110kV架空电力线路保护的配置及保护范围

1）距离保护：作为输电线路相间短路故障的保护，动作于跳闸，一般为三段式（也有两段式的），有3个动作范围和3个动作时限。一般情况下，三段式距离保护的第一段保护范围为本线路全长的80%～85%；第二段的保护范围为本线路的全长并延伸到下一段线路的一部分，它是第一段保护的后备段；第三段的保护范围为本线路和下一段线路的全长并延伸到再下一段线路的一部分，是第一、第二段保护的后备段。

2）零序电流保护：在110kV及以上中性点直接接地的电网中，当线路发生单相接地故障时，保护动作于跳闸。

零序电流保护装置通常采用三段式，也有采用两段式的。第一段为瞬时零序电流速断，其保护范围是本线路的一部分，最长不超过本线路的末端；第二段为带时限零序电流速断，保护范围为本线路全长并延伸到下一段线路；第三段为零序过电流保护，作为本线路和下一段线路的后备保护；第四段一般是第三段保护的后备保护。对于双电源或多电源线路，一般装设零序方向电流保护装置。

（三）220kV架空电力线路保护的配置及保护范围

1）高频保护：220kV线路正常采用高频保护作为线路相间短路及接地短路故障的主保护。可根据系统稳定性的要求设置一套或两套主保护，实现全线速动跳闸。

常用的高频保护有：高频闭锁方向保护、高频闭锁负序方向保护、高频闭锁距离和高频闭锁零序方向保护、电流相位差动高频保护等。

2）相间短路距离保护和接地短路距离保护：作为全线速动主保护的相间短路和接地短路的后备保护。

3）零序电流保护：作为接地短路的后备保护。

（四）330～500kV超高压电力线路保护的配置及保护范围

1）高频保护：超高压输电线路要求有性能完善的高频保护装置作为主保护，而且主保护应设置两套原理不同的全线速动保护，即采取双重化的措施。

常用的保护有：高频闭锁负序方向保护、高频闭锁距离保护。

2）相间短路距离保护和接地距离保护：作为全线速动主保护的相间短路和接地短路的后备保护。

五、自用电系统保护配置、保护范围

（一）厂用变压器的保护配置与保护范围

1. 高压厂用变压器的保护配置

1）纵联差动保护：高压厂用工作变压器的容量在6300kV·A及以上时应装设纵联差动保护，防御绕组内部及引出线上的相间短路，保护瞬时动作于变压器两侧断路器跳闸。当变压器高压侧未装设断路器时，则应动作于低压侧断路器及发电机-变压器组总出口继电器，使各侧断路器及灭磁开关跳闸。

当变压器容量为6300kV·A以下时，如果灵敏度足够，通常采用电流速断保护而不设纵联差动保护。

2）瓦斯保护（包括有载调压变压器的分接开关箱的瓦斯保护）：容量为 800kV·A 及以上的油浸式变压器，应装设瓦斯保护，防御变压器油箱内部故障和油面降低。轻瓦斯保护动作于信号；重瓦斯保护瞬时动作于变压器各侧断路器跳闸，当变压器高压侧未装断路器时，则跳发电机-变压器组各侧开关及灭磁开关。

400kV·A 及以上车间油浸式变压器也装设瓦斯保护。

3）过电流保护：防御外部相间短路所引起的过电流，并作为瓦斯保护和纵联差动保护（或电流速断保护）的后备保护。

4）单相接地保护：当厂用变压器高压侧用电缆接至发电机电压系统，且该系统中各馈线装有单相接地保护时，则变压器也装设单相接地保护，使它能有选择性地指示厂用变压器高压侧单相接地故障。

5）低压侧分支差动保护：当高压厂用变压器低压侧带两个分段时，如变压器至厂用配电装置间的电缆两端均装设断路器，且各分支的故障会引起发电机-变压器组的断路器动作时，则应在每一分支上分别装设纵联差动保护，瞬时动作于本分支两侧的断路器跳闸。

2. 高压厂用备用变压器及起动变压器的保护

1）纵联差动保护（或电流速断保护）：高压厂用备用（或起动）变压器容量为 16 000kV·A 及以上时，或经常带一部分负荷运行的起动变压器，其容量为 6300kV·A 及以上时，应装设纵联差动保护；当变压器容量在 16 000kV·A 以下时，其备用变压器和不经常带电运行的起动变压器，应装设电流速断保护。当电流速断保护的灵敏度不够时，可装设纵联差动保护。纵联差动保护或电流速断保护瞬时动作于变压器各侧的断路器跳闸。

2）瓦斯保护、过电流保护和高压侧接于小接地电流系统的变压器的接地保护：这些保护的构成原则与高压厂用工作变压器的相应保护相同。

3）零序差动保护：高压侧接于大接地电流系统的备用变压器，其高压侧的接地保护可采用零序电流速断保护。如高压侧的保护对接地短路的灵敏度不够时，可装设零序差动保护，瞬时动作于变压器各侧的断路器跳闸。

4）低压侧备用分支的过电流保护：保护带时限动作于本分支断路器跳闸，当备用电源投入永久性故障时，备用分支的过电流保护应加速跳闸。

3. 低压厂用工作和备用变压器的保护

1）电流速断保护：用于防御绕组内部及引出线上的相间短路，瞬时动作于高压侧断路器及低压侧具有备用电源自动投入装置的所有低压断路器跳闸。

2）瓦斯保护：用于防御变压器油箱内部故障及油面降低，对于容量为 800kV·A 及以上或装设在主厂房内的 400kV·A 及以上的低压厂用变压器，应装设瓦斯保护。轻瓦斯保护动作于信号，重瓦斯动作于高压侧断路器及低压侧具有备用电源自动投入装置的所有低压断路器跳闸。

3）过电流保护：用于防御相间短路所引起的异常过电流，带时限动作于高压侧断路器及低压侧具有备用电源自动投入装置的所有低压断路器跳闸。

变压器供电给两个及两个以上分段时，还应在低压侧各分支上分别装设过电流保护及零序过电流保护，带时限动作于本分支低压断路器等。

4）零序过电流保护：用于防御变压器低压侧单相接地短路所引起的异常过电流。带时限动作于高压侧断路器及低压侧具有备用电源自动投入装置的所有低压断路器跳闸。

5）单相接地保护：变压器所引接的高压厂用电系统中均装有单相接地保护时，则在低压厂用变压器的高压侧也应装设单相接地保护。

（二）厂用异步电动机的保护配置与保护范围

1. 电动机的故障和不正常运行方式

1）电动机的主要故障：定子绕组的相间短路、单相接地和匝间短路。

2）电动机的主要不正常运行方式：定子绕组过负荷、欠电压、相电流不平衡及同步电动机失步、失磁，出现非同步冲击电流。

2. 高压厂用电动机的保护配置

（1）电流速断（或纵联差动）保护　对电压为1000V、功率为2000kW以下的电动机，通常都采用电流速断保护。对2000kW及以上的电动机或2000kW以下但电流速断保护不满足灵敏度要求的电动机，则装设纵联差动保护，作为相间短路的主保护，瞬时动作于跳闸。目前还没有比较完善的绕组匝间短路保护方式，因此一般都不装设匝间短路保护。

（2）单相接地保护　高压厂用电动机是运行在中性点不直接接地系统。对于单相接地故障，当接地电流大于5A时，应装设单相接地保护。单相接地电流为10A及以上时，保护装置动作于跳闸；单相接地电流为10A以下时，保护动作于跳闸或信号。

（3）过负荷保护　根据工作条件，在厂用电动机中考虑装设过负荷保护的原则为：

1）工作中不容易遭受过负荷的电动机（如给水泵、循环水泵等）以及起动和自起动条件比较容易满足的电动机，不需要装过负荷保护。

2）工作中容易发生过负荷的电动机（如磨煤机、碎煤机等）及不允许自起动的电动机，应装设过负荷保护。

3）在不能保证电动机自起动，或必须停止电动机转动后才能从机械上消除过负荷时，过负荷保护作用于跳闸。

4）在不需停止电动机转动就能够手动或自动地从机械上消除过负荷时，或有值班人员监视的电动机，过负荷保护作用于信号；对有专人监视的重要厂用电动机，一般过负荷保护动作于信号。

（4）欠电压保护　下列电动机应装设欠电压保护，保护装置应动作于跳闸：

1）当电源电压短时降低或短时中断后又恢复时，为保证重要电动机自起动而需要断开的次要电动机。

2）当电源电压短时降低或短时中断后，不允许或不需要自起动的电动机。

3）需要自起动，但为保证人身和设备安全，在电源电压长时间消失后，须从电力网中自动断开的电动机。

4）属于一类负荷并装有自动投入装置的备用机械的电动机。

（5）负序过电流保护　2000kW及以上电动机，为反映电动机相电流的不平衡，并作为短路主保护的后备保护，可装设负序过电流保护，动作于信号或跳闸。

（6）同步电动机失步保护　对同步电动机失步，失步保护带时限动作。对于重要电动机，动作于再同步控制回路；不能再同步或不需要再同步的电动机，则动作于跳闸。

（7）同步电动机失磁保护　对负荷变动大的同步电动机，当用反映定子过负荷的失步保护时，增设失磁保护带时限动作于跳闸。

（8）非同步冲击保护　对不允许非同步冲击的同步电动机，防止电源中断再恢复时造成的非同步冲击的保护。保护确保在电源恢复前动作。重要电动机的保护，动作于再同步控制回路；不能再同步或不需要再同步的电动机，保护动作于跳闸。

3. 低压厂用电动机的保护装置

380V 低压厂用电动机的继电保护装置与高压电动机的保护装置要求相同，应装设相间短路保护、过负荷保护、欠电压保护、零序接地保护等。

任务四　继电保护与自动装置、微机保护装置、监测装置及综合自动化装置的运行

一、继电保护与自动装置的运行

（一）对继电保护与自动装置投退操作的规定

1）一般情况下，电气设备不允许无保护运行。

2）正常情况下，投入或停用运行设备的继电保护及自动装置必须按照有关调度员的命令执行。

3）继电保护与自动装置在投入前必须对其回路进行周密检查。检查的内容包括：

① 该回路无人工作，工作票已经结束、收回。

② 继电器外壳盖好，全部铅封。

③ 保护定值符合规定数值。

④ 二次回路拆开的线头已恢复。

4）继电保护与自动装置投入及退出的操作顺序：先投入交流电源（如交流电压或交流电流回路等），后送上直流电源。此后检查继电器触头位置应正常，信号灯及表计指示应正确，然后加入信号连接片。再用高内阻电压表测量连接片端对地无异极性电压后，才准投入其跳闸连接片。不得用表计直接测量连接片两端之间的电压，防止造成保护误动跳闸，继电保护和自动装置退出时的操作顺序与此相反。

5）运行中发现保护及二次回路发生不正常现象，值班人员应立即汇报调度；当判明继电器确有误动危险时，值班人员可先行将该保护停用，事后立即汇报。

6）在运行中的保护屏或相邻保护屏上进行打洞等工作前，为防止振动误跳断路器，应申请调度停用有关保护。

7）继电保护及自动装置经检修或检验后，应结合终结工作票，由继电保护人员向值班人员详细交待，并经值班人员验收合格，才可投入运行。验收检查的内容为：

① 设备有无变更或特殊要求，应在继电保护工作记事簿上书面交清，双方复核无误后签名。

② 拆动过的接线、元器件、标志应恢复正常，继电器触头位置正确。

③ 连接片及电流端子连接片应符合停役时的位置，并接触良好。

④ 按定值逐项校对二次定值无误。

⑤ 信号继电器应全总复归。

⑥ 对保护运行整组动作试验正常。

8）非事故处理，值班人员不准拆动二次回路接线。

9）在二次回路上进行工作前，应得到调度的许可；若保护定值或二次接线更改，需凭有关专职人员发出的定值通知单（或调度口头通知）进行，否则值班人员应阻止其工作。

10）运行中调节继电保护二次回路时应采取以下措施：

① 做好调节过程中不致引起电流互感器二次侧开路或电压互感器二次侧短路的可靠措施。如主变压器断路器用旁路断路器代替的操作时，应先投入主变压器独立电流互感器二次端子的短路片，后停用其连接片；再投入套管电流互感器二次端子的连接片，后停用其短路片等。

② 调节作用于跳闸的继电器时，应做到先停用有关跳闸连接片，包括可能互碰相邻继电器的跳闸连接片；调节完毕后，应以高内阻电压表测量连接片端对地无异极性电压后，才准投入；调节时应小心谨慎，动作要轻，使用合适的工具，避免碰动相邻的元器件；投、停跳闸连接片或电流端子的连接片时，应防止接地，避免连接片接地引起误跳断路器。

11）二次电压切换开关的运行位置应与一次设备所在母线同名，主变压器或线路改冷备用或检修时，电压切换开关可不予操作。

12）运行设备的二次回路更改或操作后（如保护用电压开关、保护定值或二次连接片等），在交接班时应到现场交待并查看，以达到各班都能清楚掌握二次运行方式。

13）梅雨季节值班人员应定期熄灯检查控制盘，保护盘前、后应无放电现象，防止绝缘击穿造成保护误动事故。

（二）对继电保护、自动装置及二次线巡视检查的主要内容

1）二次设备应无灰尘，以确保其绝缘良好。值班人员应定期对二次线，端子排、控制仪表盘和继电器的外壳等进行清扫。

2）控制仪表指针指示应正确，无异常（每班抄表时进行）。

3）监视灯、指示灯应正确，光字牌应良好，保护连接片应在要求的投或切的位置（交接班时进行）。

4）检查信号继电器是否吊牌（在保护动作后进行）。

5）继电器的触头、线圈外观应正常，继电器运行应无异常现象。

6）保护装置的操作部件，如熔断器、电源刀开关、保护方式切换开关、连接片、电流及电压回路的试验部件应处在正确位置，并接触良好。

7）各类保护装置的工作电源应正常、可靠。

8）若断路器跳闸，要检查保护动作情况，并查明原因。试送时必须将所有保护装置的信号复归。

9）带电清扫二次线时，要小心谨慎，严防误触电或引起继电器误动作。使用的清扫工具应干燥，金属部分应包好、绝缘，工作时应将手表摘下（特别是金属表带的手表），清扫工作人员应穿长袖衣服，带线手套，不应用力抽打，以免损坏设备元器件或弄断线头及防止继电器因振动而误动。不允许用压缩空气吹尘的方法，以免灰尘吹进仪器、仪表或其他设备内部，或将灰尘吹落到已清洁的设备上。

二、微机保护装置的运行

1）现场运行人员应定期对微机保护装置进行采样值检查和时钟校对，检查周期不得超过一个月。

2）微机保护装置在运行中需要改变已固化好的成套定值时，应由现场运行人员按规定的方法操作。此时不必停用微机保护装置，但应立即打印（显示）出新定值清单，并与主管调度核对定值。

3）微机保护装置动作（跳闸或重合闸）后，现场运行人员应按要求做好记录和信号复归，并立即向主管调度汇报动作情况和测距结果，然后复制总报告和分报告。

4）现场运行人员应保证打印报告的连续性。严禁乱撕、乱放打印纸，妥善保管打印报告，并及时移交继电保护人员。无打印操作时，应将打印机防尘盖盖好，并推入盘内。现场运行人员应定期检查打印纸是否充足，字迹是否清晰。

5）微机保护装置出现异常时，当值运行人员应根据该装置的现场运行规程进行处理，并立即向主管调度汇报，由继电保护人员立即到现场进行处理。

6）带高频保护的微机线路保护装置如需停用直流电源，应在两侧高频保护装置停用后，才允许停直流电源。

7）若微机线路保护装置和收发信机构有远方起动回路，只能投入一套远方起动回路。

8）运行中的微机保护装置直流电源恢复后，时钟不能保证准确时，应校对时钟。

9）现场微机保护装置定值的变更，应按定值通知单的要求执行，在限定日期内执行完毕，并在继电保护记事簿上写出书面"交待"，将回执寄回发定值通知单的单位。

如根据一次系统运行方式的变化，需要变更运行中保护装置的整定值，则应在定值通知单上说明。

在特殊情况急需改变保护定值时，由调度（值长）下令更改定值后，保护装置整定机构应于两天内补发新定值通知单。

10）定值变更后，由现场运行人员与网（省）调度人员核对无误后方可投入运行。调度人员和现场运行人员应在各自的定值通知单上签字并注明执行时间。

11）定值通知单应有计算人、审核人签字并加盖继电保护专用章方能有效。

三、发电厂和变电站的测量仪表与监察装置

（一）测量仪表的配置

1. 发电机定子回路

在发电机控制屏台和记录仪表屏上装设下列测量仪表：有功表、无功表、电压表、频率表各1只，电流表3只（水轮发电机允许在较大的不平衡负荷下运行，只装设1只），有功电能表、无功电能表、自动记录有功表、自动记录无功表各1只。对承受负序过电流能力较小的大容量汽轮发电机还装设有负序电流表。

500MW及以上的大型发电机，在主控制室控制的火力发电厂的各汽轮发电机机旁热控屏和水轮发电机机旁水机自动化屏装设频率表、有功表各1只，大机组还装设3只电流表、1只零序电压表。

2. 发电机转子回路

在发电机控制屏台上装设直流电流表和电压表各一只，以监设励磁回路和自动调节励磁装置回路的电压和电流各1只。

3. 双绕组变压器

采用发电机-变压器单元接线的双绕组变压器可不另装仪表，运行中的电气量可用发电机的仪表读取。

双绕组变压器的测量仪表装在变压器的低压侧，装设的仪表有：电流表、有功表、无功表、有功电能表、无功电能表各1只。

对可逆工作的双绕组变压器，其低压侧装设有电流表、双向有功表、双向无功表、具有逆止装置的有功电能表和无功电能表各1只。

4. 三绕组升压变压器和自耦变压器

三绕组升压变压器（包括自耦变压器）的低压和中压侧装设仪表与双绕组变压器低压侧装设仪表相同。高压侧仅装1只电流表。

三相联络变压器的高压和中压侧装设电流表、有功表、有功电能表和无功电能表各1只。

当三绕组变压器仅在高压侧与低压侧有可逆工作状态时，中压侧可以不装设具有逆止装置的有功电能表和无功电能表。

5. 6~500kV 线路

6~10kV 引出线装设电流表、有功电能表、无功电能表各1只。若经此线路供给用户的功率有一定限制，则应再装设1只有功功率表（简称有功表）。

35kV 线路应装设电流表、有功表、有功电能表和无功电能表各1只。

110kV 及以上线路装设电流表3只，并装设有功表、无功表、有功电能表和无功电能表各1只。采用3/2接线时，线路除线路侧装设电流表外，可在每串的3个断路器处再分别装设电流表。

330kV 和500kV 线路上无功补偿并联电抗器的中性点回路装设记录型电流表。

对有双向送、受电回路，应分别装设计量送、受电的有功电能表和无功电能表各1只。

6. 母线

火电厂主母线的各分段和备用母线各段安装电压表、频率表各1只；容量较大的发电厂，可装设有功记录电压表和频率表各1只。35~60kV 电压母线装设1只电压表。110kV 及以上的电压母线，装设1只能用转换开关切换测量3个线电压的电压表和1只频率表。

水电厂各电压级母线均装设1只电压表，110kV 及以上的母线还应装设1只频率表。

对于中性点非直接接地系统，母线上应装设绝缘监察用的1组（3只）电压表，这3只电压表作为全厂共用，可切换至任一母线分段。

7. 其他回路

母线联络断路器、母线分段断路器、旁路断路器和桥断路器回路应装设电流表。110kV 以下装1只电流表，110kV 及以上装3只电流表。

旁路断路器和母联（或分段）断路器回路还应装设有功电能表和无功电能表。

8. 电动机

功率为40kW 以上的电动机回路装电流表1只。

9. 同步测量回路

电压表2只、频率表2只、同步表1只（或装1只组合式整步表）。

（二）绝缘监察装置

1. 交流绝缘监察装置

在中性点非直接接地系统中，当发生单相接地后一般允许继续运行2h。因此该系统的绝缘监察装置在系统发生单相接地后自动发出信号，"××kV系统单相接地"光字牌点亮并发出预告音响信号后，运行人员接入绝缘监察用的3只电压表，通过测量各相对地电压判断接地相。接地相对地电压降低，非故障相对地电压升高。

2. 直流绝缘监察装置

当直流系统发生一点接地时，并不影响直流系统正常供电。但是这种故障应该尽量排除，以避免再发生另一点接地引起短路、保护装置误动作。因此，直流绝缘监察装置在被监视的系统中发生一点接地后，立即发出信号，"直流系统一点接地"光字牌点亮并发出预告音响信号后，运行人员则应及时加以处理。

3. 直流电压监视装置

正常运行时，母线电压表监视母线电压状态。当直流母线电压下降到一定值时，"直流母线电压过低"光字牌点亮，并发出预告音响信号；当直流母线电压上升到一定值时，则点亮"直流母线电压过高"光字牌，并发出预告音响信号。

四、无人值班变电站综合自动化监控系统的功能及管理简介

（一）无人值班变电站的监控方式

1. 集控站定期或不定期监控方式

这种监控方式是集控站派人定期或不定期去完成相应的操作及维护检修，在非正常情况下，无人值班变电站可向集控站发出故障召唤信号，通知集控站人员进行故障处理。一般采用常规二次接线和继电保护装置，负荷比较稳定，很少有倒闸操作任务的变电站，可采用这种监控方式。

2. 集控站集中管理的监控方式

这种监控方式为集控站或相应调度所实现遥控的集中管理方式。在这种变电站内通常采用常规二次接线和继电保护装置，集控站或调度所要求的除继电保护以外各项遥控、遥调、遥信与遥测功能通过运动终端装置RTU（Remote Terminal Unit）来实现。

3. 综合自动化监控方式

这种监控方式也是由调度所或集控站进行集中管理，实现遥控，但是，变电站内实现了包括远动、微机监控、微机保护在内的综合自动化系统。

目前我国对于新建的110kV、66kV、35kV变电站，一般按无人值班方式建设，并优先采用综合自动化系统。对于新建的220kV及以上电压等级的变电站，无论是有人或无人值班，皆宜采用综合自动化系统。

（二）变电站综合自动化系统的主要功能

变电站综合自动化系统的主要功能有：安全监控、远动（遥信、遥测、遥控及遥调）、微机保护、故障动态记录、电压及无功控制、低频减载及自诊断等。

（1）安全监控　变电站的安全监控功能就是通常所说的SCADA功能，主要包括数据采集、安全监视、事件顺序记录、电能量计算、开关操作、微机保护的接口通信等。

1）数据的采集、处理与显示。采集实时数据和设备状态，并通过当地及调度主站的显

示器显示数据及画面；使用微机交流采样采集工频模拟量；用继电器按点方式采集各类开关状态量。

2）安全监视。被采集的模拟量、状态量、继电保护、信息中的被测量越限、被监控对象随机状态变化、保护装置动作、设备运行异常时，能及时在当地和调度主站产生音响或语音报警、推出报警画面、显示异常区域，为当地及主站调度人员提供处理故障所需的全部信息。

3）事件顺序记录。当变电站发生故障时，即对被监控对象状态变化的时间按顺序进行记录、存储，并向主站传送，事件顺序记录分辨率一般小于5ms，电网中的高压大型变电站，由于其设备较多，影响面广，因此其事件分辨率要求达到1ms或更小的水平。

4）电能量计算。实现以进线及馈线采集的电能量的分时统计，在旁路代送时，可自动实现电能量的累加。

5）开关操作。可实现对断路器跳合闸的当地操作和遥控操作，以及对变压器调压分接头的当地控制和遥远控制。对这些操作控制皆应采取防误措施，因检修需要，应保留手动直接跳合闸的手段。

6）微机保护的接口通信。由变电站SCADA系统向微机保护装置发出对时、召唤数据等命令，传送新的保护整定值；微机保护装置向SCADA系统报告保护动作的有关数据（如动作时间、动作性质、实际的保护定值和动作项目等）、微机保护响应召唤命令返回实时整定值及修改整定值后的返校信息等。

（2）远动装置　以往远动作为调度自动化的组成部分，在变电站内装设RTU远动终端装置及其配套的变送器等远动设施，用以实现各项远动功能。在变电站建立综合自动化系统后，实际上增强了远动功能，即不仅能实现通常遥测、遥信、遥控、遥调、事件记录远传等功能，还具有对继电保护定值实现主站远方监视、切换或修改、故障动态记录与故障测距远传等功能。综合自动化系统具有多个远方接口功能，必要时可按主站通信规约实现非常规的数据通信。从总体角度看，变电站综合自动化系统就像调度自动化系统中的一台高性能的RTU终端。

（3）微机保护　现代的微机保护几乎可以满足变电站运行中所有的继电保护要求，即微机保护可以实现以下功能：

1）线路保护。符合通用标准并满足用户要求，对220kV以上线路只负责跳闸，不设重合闸，由断路器控制单元独立实现自动重合闸；对220kV线路保护，按规定和要求实现双重化；对110kV线路保护，一般为相间和零序定时限与反时限电流保护，也可按要求同时配置相间及接地距离保护，第一段带可调延时；对10kV、35kV线路保护，除设相间定时限与反时限过电流保护外，还要配置灵敏的选择性接地保护，其中零序突变量有功功率继电器用于消弧线圈接地系统，零序突变量无功功率继电器则用于不接地系统。对于35～220kV线路按规定和要求实现三相或按相自动重合闸。

2）母线保护。符合通用标准并满足用户要求，对各级电压母线，一般实现母线差动保护，现阶段一般采用常规母线差动保护装置。

3）主变压器保护。通常主变保护要求实现气体保护、差动保护和各电压侧后备保护。一般采用利用二次谐波制动的电流差动保护。

4）电容器保护。一般实现过电压与欠电压保护、过电流保护及电流差动保护。

5）其他保护。如实现针对同期调相机的保护、电气化铁道的谐波保护等。

（4）故障动态记录　故障动态记录用于对变电站的线路、主变压器、母线等运行设备在电网发生故障时，实现对有关参数及状态的故障动态录波及数据记录，供变电站当地及主站存档调用，并能发出异常警报信号。

对于220kV的运行单元，应设置双重化的两套故障动态记录设备；对于110kV、35kV及10kV的运行单元，则由微机保护兼作故障动态记录，只完成短期暂存，不取出时，则在存满后按先进先出原则删除历史记录，继续实现暂存。

（5）电压及无功的自动控制　为提高供电质量和节能节电，自动统计电压合格率，按照电压水平及变压器功率因数所确定的系统高峰与低谷水平的要求，实现对有载调压变压器分接头和并联补偿电容器组的综合调节和控制，保证电压合格率和优化无功补偿。

（6）低频减载　在测定220kV或110kV侧系统频率后，按规定的自动减载的整定值，将跳闸命令送给相应线路的断路器，经与被切线路母线频率核对，低于整定值后执行跳闸。如设定有低压自动减载，则需经两组母线电压核对后执行。

（7）备用电源自动投入　根据变电站的主接线、线路及主变的运行方式及故障性质来选择合适的自投方式。

（8）小电流接地自动选线　通过采集零序电压和零序电流及其增量来判断电网的接地故障，也可以采用五次谐波来分析接地故障，并实现接地线路自动查找。

（9）自诊断　变电站综合自动化系统具有在线自诊断功能，可自诊断到各单元的插件。

思 考 题

1. 蓄电池组直流系统的作用是什么？
2. 常用的直流操作电源有哪几种？
3. 直流系统运行监视的内容有哪些？
4. 发电机、变压器常用的保护有哪些？
5. 微机保护运行的基本规定有哪些？
6. 自用电系统厂用变压器的保护如何配置？

项目六　运行操作

➢ 项目教学目标

◆ 知识目标

掌握倒闸操作的概念、技术要求。

掌握操作票的写法。

◆ 技能目标

熟练编写操作票。

任务一　倒闸操作的基本原则和技术要求

一、倒闸操作概述

1. 倒闸操作的概念

当电气设备由一种状态转换到另一种状态或改变电力系统的运行方式时，需要进行一系列的操作，这种操作称为电气设备的倒闸操作。

2. 电气设备的几种状态

（1）运行状态　运行状态指设备的断路器及隔离开关都在合闸位置，将电源与受电端间的电路接通（包括辅助设备如电压互感器、避雷器等）。

（2）热备用状态　热备用状态指设备的断路器在断开位置，而隔离开关在合闸位置，断路器一经合闸，电路即接通，转为"运行状态"。

（3）冷备用状态　冷备用状态是指设备的断路器及隔离开关均在断开位置，其显著特点是该设备与其他带电部分之间有明显的断开点。

"设备冷备用"应包括相应的电压互感器转为冷备用，即断开电压互感器高压侧隔离开关及低压侧熔断器。若电压互感器高压侧无隔离开关，则取下低压熔断器后即处于"冷备用状态"。

（4）检修状态　检修状态是指设备在冷备用状态下并设有安全措施，即检修设备两侧装设了保护接地线（或合上了接地隔离开关），并悬挂了工作标示牌，安装了临时遮栏。

3. 倒闸操作的基本规律

电气设备运行状态之间倒换操作见表6-1。

表6-1　电气设备运行状态之间倒换操作

设备状态	倒换后状态			
	运　行	热　备　用	冷　备　用	检　修
运行		1. 拉开必须切断的断路器 2. 检查被切断的断路器，应处在断开位置	1. 拉开必须切断的断路器 2. 检查被切断的断路器，应处在断开位置	1. 拉开必须切断的断路器 2. 检查被切断的断路器，应处在断开位置

（续）

设备状态	倒换后状态			
	运　行	热　备　用	冷　备　用	检　修
运行			3. 拉开必须断开的全部隔离开关 4. 检查被拉开的离开关，应处在断开位置	3. 拉开必须断开的全部隔离开关 4. 检查被拉开的离开关，应处在断开的位置 5. 挂上保护用临时接地线或合上接地隔离开关 6. 检查被合上的接地隔离开关，应处在接通位置
热备用	1. 合上设备被必需的断路器 2. 检查被合上的断路器，应处在接通位置		1. 检查被拉开的断路器，应处在断开位置 2. 拉开必须断开的全部隔离开关 3. 检查被拉开的隔离开关，应处在断开位置	1. 检查被拉开的断路器，应处在断开位置 2. 拉开必须断开的全部隔离开关 3. 检查被拉开的隔离开关，应处在断开位置 4. 挂上保护用临时接地线或合上接地隔离开关 5. 检查被合上的接地隔离开关，应处在接通位置
冷备用	1. 检查全部接线符合运行条件 2. 检查被断开的断路器，应处在拉开的位置 3. 合上必须合上的全部隔离开关 4. 检查被合上的隔离开关，应处在接通位置，合上必须合上的断路器 5. 检查被合上的断路器，应处在接通位置	1. 检查全部接线符合运行条件 2. 检查被断开的断路器，应处在拉开位置 3. 合上必须合上的全部隔离开关 4. 检查被合上的隔离开关，应处在接通位置		1. 检查被断开的断路器，应处在断开位置 2. 检查全部隔离开关，应处在断开位置 3. 挂上保护用临时接地线或合上接地隔离开关 4. 检查被合上的接地隔离开关，应处在接通位置
检修	1. 拆除全部保护用临时接地线或拉开接地隔离开关 2. 检查被拉开的地隔离开关，应处在断开的位置 3. 检查被断开的断路器，应处在断开的位置 4. 合上必须合上的全部隔离开关 5. 检查被合上的隔离开关，应处在接通位置 6. 合上必须合上的断路器 7. 检查被合上的断路器，应处在接通位置	1. 拆除全部保护用临时接地线或拉开接地隔离开关 2. 检查被拉开的接地隔离开关，应处在断开的位置 3. 检查被断开的断路器，应处在断开的位置 4. 合上必须合上的全部隔离开关 5. 检查被合上的隔离开关，应处在接通位置	1. 拆除全部保护用临时接地线或拉开接地隔离开关 2. 检查被拉开的接地隔离开关，应处在断开的位置 3. 检查被断开的断路器，应处在断开的位置 4. 检查被断开的隔离开关，应处在断升的位置	

注：设备转入"检修状态"时挂上标示牌、装设临时遮栏等安全措施，虽未载明在表内，但仍须按照《电业安全工作规程》的规定执行；拆除时相同。

二、倒闸操作的内容

倒闸操作有一次设备的操作，也有二次设备的操作，其操作内容如下：

1）拉开或合上某些断路器和隔离开关。

2）拉开或合上接地刀开关（拆除或挂上接地线）。

3）装上或取下某些控制回路、合闸回路、电压互感器回路的熔断器。

4）投入或停用某些继电保护和自动装置及改变其整定值。

5）改变变压器或消弧线圈的分接头。

三、倒闸操作的一般规定

1）倒闸操作必须得到相应级别调度和值长的命令才能进行。

2）执行操作票和单项操作，均应在模拟图上进行模拟操作，以核对操作票的操作顺序正确无误。

3）设备送电前，必须终结全部工作票，拆除接地线及一切与检修工作有关的临时安全措施，恢复固定遮栏及常设警告牌。对送电设备一次回路进行全面检查应正常，摇测设备绝缘电阻应合格。

4）设备投入运行（或备用）前，其保护必须先投入。

5）装有同期合闸的断路器，必须进行同期合闸，仅在断路器一侧无电压进行充电操作时，才允许合上闭锁组合开关，解除同期闭锁回路。

6）检修过的断路器送电时，必须进行远方跳合闸试验，远方电动或气动合闸的断路器，不允许带工作电压手动合闸。运行中的小车断路器不允许解除机械闭锁手动分闸。

四、倒闸操作基本原则

电气运行人员在进行倒闸操作时，应遵守下列基本原则：

1. 停送电操作原则

1）拉、合隔离开关及小车断路器送电之前，必须检查并确认断路器在断开位置（倒母线例外），此时母联断路器必须合上。

2）严禁带负荷拉、合隔离开关，所装电气和机械防误闭锁装置不能随意退出。

3）停电时，先断开断路器，后拉开负荷侧隔离开关，最后拉开电源侧隔离开关；送电时，先合上电源侧隔离开关，再合上负荷侧隔离开关，最后合上断路器。

4）在操作过程中发现误合隔离开关时，不准把误合的隔离开关再拉开；发现误拉隔离开关时，不准把已拉开的隔离开关重新合上。只有用手动蜗母轮传动的隔离开关，在动触头未离开静触头刀刃之前，才允许将误拉的隔离开关重新合上，不再操作。

上述规定的制定，是由于隔离开关无灭弧装置，不能用于带负荷接通或断开电路，否则将会在隔离开关的触头间产生电弧，引起三相短路事故。而断路器有灭弧装置，因此只能用断路器接通或断开有负荷电流的电路。

2. 母线倒闸操作的原则

1）母线送电前，应先将该母线的电压互感器投入；母线停电前，应先将该母线上的所有负荷转移完后，再将该母线的电压互感器停止运行。

2）母线充电时，必须用断路器进行，其充电保护必须投入，充电正常后应停用充电保护。

3）倒母线操作时，母联断路器应合上，确认母联断路器已合好后，再取下其控制熔断器，然后进行母线隔离开关的切换操作。母联断路器断开前，必须确认负荷已全部转移，母联断路器电流表指示为零，再断开母联断路器。

倒母线操作前，取下母联断路器控制熔断器的原因是：若倒母线操作过程中，由于某种原因使母联断路器分闸，此时母线隔离开关的拉、合操作实质上是对两组母线进行带负荷解列、并列操作（即带负荷拉、合母线隔离开关），此时，因隔离开关无灭弧装置，会造成三相弧光短路。因此，母联断路器在合闸位置取下其控制熔断器，使其不能跳闸，保证倒母线操作过程中，使母线隔离开关始终保持等电位操作，避免母线隔离开关带负荷拉、合闸引起弧光短路事故。

4）拉、合母线隔离开关，应检查重动继电器的动作情况。在双母线接线中，拉、合母线隔离开关，应检查重动继电器（又称切换继电器）的动作情况，当光字牌出现"重动继电器同时动作"信号时（同一线路两母线隔离开关的辅助触头各联动一个重动继电器，当两母线隔离开关都合上，或一隔离开关拉开后，其联动的重动继电器触头不返回，造成两重动继电器均处于动作状态而发出"重动继电器同时动作"信号），不允许断开母联断路器。否则，母联断路器断开后，若两母线的电压不完全相等，使两母线电压互感器的二次星形联结侧经过两重动继电的触头流过环流，将电压互感器二次侧熔断器熔断，造成保护误动或烧坏电压互感器。如图 6-1 所示，当线路 WL 接入 WB Ⅰ 母线运行时，隔离开关 QS_1 的辅助开关 QS_{11} 闭合，联动重动继电器 KM_1，其常开触头闭合，使 1TV 的二次星形联结绕组与电压小母线接通，同理，2TV 的二次星形联结绕组经 KM_2 的常开触头与电压小母线接通，故 1TV 和 2TV 的二次星形联结绕组通过 KM_1、KM_2 的常开触头环网，在两母线存在电压差的情况下，该环网流过环流，使二次侧熔断器熔断或烧坏电压互感器二次绕组。

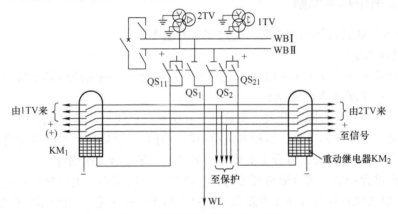

图 6-1　重动继电器的动作原理

3. 变压器操作原则

1）变压器停送电操作顺序：送电时，应先送电源侧，后送负荷侧；停电时，操作顺序应与此相反。

按上述顺序操作的原因是：由于变压器主保护和后备保护大部分装在电源侧，送电时，先送电源，在变压器有故障的情况下，变压器的保护动作，使断路器跳闸切除故障，便于按送电范围检查、判断及处理故障；送电时，若先送负荷侧，在变压器有故障的情况下，对小容量变压器，其主保护及后备保护均装在电源侧，此时，保护拒动，这将造成越级跳闸或扩大停电范围。大容量变压器均装有差动保护，无论从哪一侧送电，变压器故障均在其保护范围内，但大容量变压器的后备保护（如过电流保护）均装在电源侧，为取得后备保护，仍然先送电源侧，后送负荷侧。停电时，先停负荷侧，在负荷侧为多电源的情况下，可避免变压器反充电；反之，将会造成变压器反充电，并增加其他变压器的负担。如图6-2所示，变压器 T_1 带负荷运行，T_2 停电待送，当 T_2 从负荷侧送电时，其内部有故障，由于 T_2 的主保护及后备保护均装在电源侧，则保护拒动，由 T_1

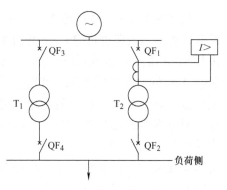

图6-2 变压器 T_1 带负荷运行，
T_2 停电待送电示意图

的保护动作跳开 QF_3，切除故障，T_1 所带的负荷也同时停电，扩大了停电范围。另外，T_2 从负荷侧送电无故障，如果 T_1 已是满负荷运行，则导致 T_1 过负荷，加重了 T_1 的负担。

2）凡有中性点接地的变压器，变压器的投入或停用均应先合上各侧中性点接地隔离开关。变压器在充电状态下时，其中性点接地隔离开关也应合上。

合上中性点接地隔离开关的目的是：可以防止单相接地产生过电压和避免产生某些操作过电压，保护变压器绕组不因过电压而损坏；中性点接地隔离开关合上后，当发生单相接地时，有接地故障电流流过变压器，使变压器差动保护和零序电流保护动作，将故障点切除。

如果变压器处于充电状态，中性点接地隔离开关也应在合闸位置。分析如图6-3a所示，变压器 T 的 110kV 侧运行，220kV 侧断路器 QF 断开，接地隔离开关 QS_2 断开，当 T 的 220kV 侧绕组出线端发生单相（如 U 相）接地时，因 QS_2 在断开位置，无单相接地短路电流，则 T 的差动和零序电流保护均不能动作，此时，220kV 侧中性点对地电压为相电压，V、W 相对地电压为线电压。如图6-3b所示，在此过电压作用下，T 可能因绝缘击穿而损坏。若 QS_2 在合闸位置，当发生单相接地时，一方面不会产生过电压，另一方面因有接地短路电流流过 T，使 T 的差动保护和零序电流保护动作，将接地故障切除，故变压器在充电状态下也必须合上中性点接地隔离开关。

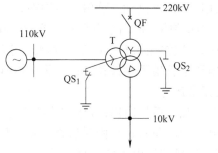

a) 变压器中性点直接接地原理图   b) U相接地短路相量图

图6-3 变压器中性点直接接地

3）两台变压器并联运行，在倒换中性点接地隔离开关时，应先合上中性点未接地的接地隔离开关，再拉开另一台变压器中性点接地的隔离开关，并将零序电流保护切换到中性点接地的变压器上。

如图 6-4 所示，变压器 T_2、T_3 并联运行，中性点接地隔离开关 QS_2 在合闸位置，QS_3 在断开位置，当需要进行 QS_2 与 QS_3 的切换操作时，应先合上 QS_3，再拉开 QS_2，使电网不失去接地中性点。若先拉开 QS_2，则出现 QS_2、QS_3 同时断开的情况，此时，若线路上任意一点（如 $K^{(1)}$ 点）发生单相完全接地，则电网中出现零序电压 U_0。U_0 在电网中的分布如图 6-4b 所示。因 T_1 中性点接地隔离开关 QS_1 在合闸位置，T_1 中性点的零序电压 $U_0 = 0$，$K^{(1)}$ 短路点的零序电压最大，其中 U_0 为相电压。因 QS_2、QS_3 均已拉开，则 T_2 和 T_3 中性点的零序电压也为相电压，故若 QS_2、QS_3 同时拉开，会在系统发生单相接地的情况下使 T_2、T_3 的中性

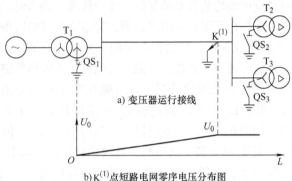

a) 变压器运行接线

b) $K^{(1)}$点短路电网零序电压分布图

图 6-4　变压器运行接线及单相接地零序电压分布图

点同时出现相电压，由此，T_2、T_3 非故障相电压为线电压，这些过电压是 T_2、T_3 无法承受的，其绝缘将因此而击穿。

当 T_2 和 T_3 任一变压器中性点接地隔离开关合上时，如 T_2 的 QS_2 合上，若发生单相接地，则 T_2 中性点对地电压为零，T_3 中性点受零序电压作用。但 T_2 的零序电流保护动作，使中性点不接地的变压器 T_3 瞬时跳闸。若接地故障还未切除，则 T_2 的零序电流保护延时跳开本变压器，故避免了 T_2 和 T_3 承受接地过电压的危害。

4）变压器分接开关的切换。无励磁分接开关的切换应在变压器停电状态下进行，切换后必须用电阻表测量分接开关接触电阻，合格后，变压器方可送电。有载分接开关在变压器带负荷状态下，可手动或电动改变分接头位置，但应防止连续调整。

4. 隔离开关的操作

1）手动合上隔离开关时，应迅速而果断。但在合闸行程终了时，不能用力过猛，以防损坏支持绝缘子或合闸过头。在合闸过程中，如果产生电弧，则要毫不犹豫地将隔离开关继续合上，禁止再将隔离开关拉开。

2）手动拉开隔离开关时，应缓慢而谨慎，特别是动、静触头分离时，若产生电弧，则应立即反向合上隔离开关，并停止操作，查明原因。但切断空载变压器、空载线路、空载母线或拉开系统环路均会产生一定长度的电弧，应快而果断，促使电弧迅速熄灭。

3）远方操作的隔离开关，不得在带电压下就地手动操作，以免失去电气闭锁，或因分相操作引起非对称开断，影响继电保护的正常运行。

4）分相操作隔离开关，拉闸时应先拉中相，后拉边相；合闸操作相反。

5）隔离开关经操作后，必须检查其开、合的位置；合闸时检查三相刀片接触良好，拉开时三相的断开角度符合要求。以防由于操动机构发生故障或调节不当，出现操作后未全拉开和未全合上的不一致现象。

5. 断路器的操作

1）一般情况下，电动合闸的断路器不应手动合闸。

2）远方操作断路器时扳动控制开关不要用力过猛，以防损坏控制开关；也不要返回太快，以防时间短断路器来不及合闸。

3）断路器操作后，应检查与其有关的信号及测量仪表的指示，最终应到现场检查断路器的机械位置来判断断路器分、合的正确性。

6. 装、拆接地线的操作

装设接地线之前必须认真检查该设备是否确实无电，处于冷备用状态。在验明设备确无电压后，应立即装设接地线（或合上接地隔离开关）。装设接地线必须先接接地端，后接导体端，且接触良好。拆接地线的顺序与装接地线的顺序相反。

7. 高压熔断器的操作

1）不允许带负荷拉、合熔断器。采用绝缘杆单相操作的高压熔断器，在误拉第一相时，不会发生强烈电弧，而在带负荷断开第二相时，就会发生强烈电弧，导致弧光短路。所以要根据与第一相断开时的弧光情况的比较，慎重地判断是否误操作，然后再决定是操作还是停止操作。

2）高压熔断器的操作顺序为：拉闸先拉中相，后拉边相；有风时，先中间相，再下一相，后上一相。合闸操作相反。

五、倒闸操作基本步骤

1. 正常情况下倒闸操作的基本步骤

（1）接受任务　当系统调度员下达操作任务时，操作前应预先用电话或传真将操作票（包括操作目的和项目）下达给发电厂的值长或变电站的值班长。值长或值班长接受操作任务时，应将下达的任务复诵一遍，并将电话录音或传真件妥善保管。当发电厂的值长向电气值班长或变电站的值班长向值班员下达操作任务时，要说明操作目的、操作项目、设备状态。接受任务者接到操作任务后，应复诵一遍，并记入操作记录本中。电气值班长向值班员（操作人、监护人）下达操作任务时，除了上述要求外，还应交待安全事项。

（2）填写操作票　值班长接受操作任务后，立即指定监护人和操作人，操作票由操作人填写。如果单项操作任务的操作票已输入计算机，则根据操作任务由计算机开出操作票。

填写操作票的目的是拟定具体的操作内容和顺序，防止在操作过程中发生顺序颠倒或漏项。

（3）审核操作票　操作票填写好了以后，必须经过以下3次审查：

1）自审。由操作票填写人自己审查。

2）初审。由操作监护人审查。

3）复审。由值班负责人（值班长、值长）审查，特别重要的操作票应由技术负责人审查。

审票人应认真检查操作票的填写是否有漏项，操作顺序是否正确，操作术语使用是否正确，内容是否简单明了，有无错漏字等。三审无误后，各审核人均在操作票上签字，操作票经值班负责人签字后生效。正式操作待系统调度员或值长（值班长）下令后执行。

（4）接受操作命令　正式操作，必须有系统调度员或值长（值班长）发布的操作命令。系统调度员发布操作命令时，监护人、操作人同时受令，并由监护人按照填写的操作票向发令人复诵，经双方核对无误后，在操作票上填写发令人、受令人姓名和发令时间；值长（值班长）发布操作命令时，监护人、操作人同时受令。监护人、操作人接到操作命令后，值长（值班长）、监护人、操作人均在操作票上签名，并记录发令时间。

（5）模拟操作　正式操作之前，监护人、操作人应先在模拟图板上按照操作票上所列项目和顺序进行模拟操作，监护人按操作票的项目顺序唱票，操作人复诵后在模拟图板上进行操作，最后一次核对检查操作票的正确性。

（6）正式操作　电气设备倒闸操作必须由两人进行，即一人操作、一人监护。监护人一般由技术水平较高、经验较丰富的值班员担任，操作人应是由熟悉业务的值班员担任。特别重要和复杂的倒闸操作，由熟练的值班员操作，值班负责人监护。

操作监护人和操作人做好了必要的准备工作后，携带操作工具进入现场进行正式的设备操作。操作设备时，必须执行唱票、复诵制度。每进行一项操作，其程序是：唱票→对号→复诵→核对→下命令→操作→复查→做执行记号"√"。具体地说，就是每进行一项操作，监护人按照操作票项目先唱票，然后操作人按照唱票项目的内容，查对设备名称、编号、自己所处位置、操作方向（即4个对照），确定无误后，手指所要操作的设备（即对号），复诵操作命令。监护人听到操作人复诵的操作令后，再次核对设备名称、编号无误，最后下令"对，执行"。操作人听到监护人的"对，执行"的动令后方可进行操作。操作完一项后，复查该项，检查该项操作结果和正确性，如断路器实际分、合位置，机械指示，信号指示灯、表计变化情况等，并在操作票上该项编号前做一个记号"√"。按上述操作程序，依次操作后续各项。

由计算机键盘控制的倒闸操作，上述（2）～（6）可省略。

（7）复查设备　一张操作票操作完毕，操作人、监护人应全面复查一遍，检查操作过的设备是否正常，仪表指示、信号指示、联锁装置等是否正常，并总结本次操作情况。

（8）操作汇报。操作结束后，监护人应立即向发令人汇报操作情况、结果、操作起始和结束时间，经发令人认可后，由操作人在操作票上盖"已执行"图章。

（9）操作记录　监护人将操作任务、起始和终结时间记入操作记录本中。

2. 事故时的操作

在处理事故时，为了迅速切除故障，限制事故的发展，迅速恢复供电，并使系统频率、电压恢复正常，可以不用操作票进行操作，但需遵守安全工作规程的有关规定。事故处理后的一切善后操作，仍应按正常情况倒闸操作步骤进行。

六、操作票的填写方法和填写项目

1. 填写方法

填写操作票时，根据下达的操作任务，按照统一的操作术语，对照电气主接线模拟图和考虑电气主接线的实际运行方式，认真细致地填写操作票。其具体填写方法如下：

1）每份操作票只能填写一个操作任务。一个操作任务是指根据同一个操作命令，且为了相同的操作目的而进行一系列相互关联的、不间断的、依次进行的倒闸操作的过程。如一台机组的起、停操作，一台变压器的停、送电操作，变压器的切换操作，倒母线操作，几回线路依次进行停、送电操作，几个用电部分依次进行停、送电操作等，均可填用一份操作票。

2）操作票应用钢笔或圆珠笔填写，票面应清楚、整洁，不得任意涂改。个别错、漏字允许修改（不超过3个字），但被改的字和改后的字均应保持字迹清楚。

3）填写时，在操作票上应先填写编号并按编号顺序使用。

4）操作票应填写设备的双重名称，即设备的名称和编号（这是《电业安全工作规程》所规定的），如"荆潜线25"或"25荆潜线"。名称在前、编号在后还是编号在前、名称在后，各地用法不同，可按各级调度规定采用。

5）一个操作任务所填写的操作票超过一页时，续页的操作顺序号应连续。续页的操作任务栏填"续前"，首页填操作开始和结束时间，每页有关人员均应签名。

6）操作票填写完毕，经审核正确无误后，在操作顺序最后一项后的空白处打终止号"╣"，表示以下无任何操作。

2. 操作票的填写项目

下列各项作为单独项目填入操作票：

1）应开、合的断路器。如断开××断路器，合上××断路器。

2）检查断路器开、合情况。如检查××断路器已合好。

3）应拉、合的隔离开关。如拉开××隔离开关。

4）检查隔离开关拉、合情况。如检查××隔离开关已拉开。

5）操作前的检查项目。检查设备的运行位置状态，应作为单独项目填入操作票。目的是防止误操作。如检查××断路器在分闸位置，检查××隔离开关在断开位置。

6）检查送电范围内是否遗留有接地线，如检查送电变压器各侧一次回路无接地线（或无接地隔离开关），作为单独项目填入操作票，其目的是防止带地线合闸。

7）验电和装、拆接地线。填写操作票时，一定要写明验电和装、拆接地线的地点及编号（或拉、合接地隔离开关的编号）。如验明 1 号母线无电压后，在 1 号母线上装设一组 3 号接地线；又如验明××线路无电后，合上××线路的线路侧××接地隔离开关。

8）检查负荷的转移情况（检查仪表指示）。两回并列运行的回路，当停下其中的一回路时，应检查负荷的转移情况。如用旁路断路器代替线路断路器运行时，当操作到旁路断路器与线路断路器并列时，先检查两断路器的负荷分配，断开线路断路器后，检查该线路的仪表指示应正常。

9）取下或装上熔断器。如装上××断路器的控制熔断器。

10）停用或投入继电保护的保护连接片（包括同时停用或投入多个保护连接片）。若一项中有同时停用或投入多个保护连接片，操作时，每操作完一个连接片，应处在该连接片编号前打"√"。

七、倒闸操作术语

倒闸操作术语见表 6-2。

表 6-2 倒闸操作术语

被操作设备	术　语	被操作设备	术　语
发变组	并列、解列	继电保护	投入（加用）、退出（停用）、动作
环状网络	合环、解环	自动装置	投入、退出、动作
联络线	并列、解列、充电	熔断器	装上、取下
变压器	运行、备用、充电	接地线	装上、拆除
断路器	合上、断开、跳闸、重合	有功表、无功表	增加、减少
隔离开关	合上、拉开		

任务二　电气主接线图及操作票实例

图 6-5（见书后插页）为陆水电厂电气主接线。图 6-6～图 6-8 为陆水电厂倒闸操作票实例。

陆水电厂倒闸操作票

编号：02

操作开始时间	2012 年 5 月 01 日 11 时 00 分		
操作终了时间	年 5 月 01 日 11 时 10 分		
操作任务	12DL送电（线路检修工作）		
√	顺 序	操 作 项 目	
√	1.	取下所拉开的刀闸把手上的"有人工作，禁止合闸"标示牌。	
√	2.	拆除12DL下端所挂的接地线一组。	
√	3.	推上121G	
√	4.	推上122G	
√	5.	装上12DL合闸电源保险	
√	6.	合上12DL	
		已执行	
备 注			

操作人：仲云　　监护人：黄琦　　值 长：胡伟枝

图6-6 陆水电厂倒闸操作票实例（一）

陆水电厂倒闸操作票

编号：03

操作开始时间	2012 年 4 月 5 日 12 时 30 分
操作终了时间	年 4 月 5 日 13 时 30 分
操作任务	3# 机退公备用（下导油冷温源水处理）

√	顺序	操作项目
√	1.	解列 3# 机
	2.	断开 3# 机合闸电源开关
	3.	拉开 031G
	4.	拉开 3FLG
	5.	拉开 3FHG
	6.	验电，在 03DL 下端挂接地线－组
	7.	在 031G、3FLG、3FHG 把手挂"禁止合闸"标示牌
	8.	落 3# 机快速闸门
	9.	关闭 3# 机车压阀
	10.	打开 3# 机电器室排水阀
	11.	关闭 3# 机总油阀
	12.	关闭 3# 机启闭机油管下腔进油阀
	13.	已给 3# 机投"锁锭"进电源。
	14.	在 3# 机调速器把手挂"禁止开机"标示牌
备注		**已执行**

操作人：_（签名）_　监护人：_（签名）_　值长：_（签名）_

图 6-7　陆水电厂倒闸操作票实例（二）

陆水电厂倒闸操作票

编号：04

操作开始时间	2012 年 4 月 7 日 16 时 30 分
操作终了时间	2012 年 4 月 7 日 16 时 45 分
操作任务	3#机恒复备用（下号机冷器冷水处理）

√	顺序	操作项目
	1.	取下本床存片导
	2.	关闭3#机蜗壳排水阀
	3	打开3#机平压阀
	4	打开 3#机总油阀
	5	打开3#机居间机作腔油阀
	6	投3#机快导阀门
	7	拆除03DL下端接地线一组
	8	推上3FHG
	9	推上 3FLG
	10	推上 031G
	11.	合上03DL合闸电源开关
	12	投入3#机振复锤5阻电容
		已执行
备　注		

操作人：秦海熊　　监护人：潘耿光年　　值 长：潘耿银年

图6-8　陆水电厂倒闸操作票实例（三）

思 考 题

1. 倒闸操作是指什么操作？
2. 如何写操作票？
3. 倒闸操作的规则是什么？
4. 简述倒闸操作的基本步骤。
5. 母线倒闸操作需要遵循哪些原则？

参 考 文 献

［1］李秋明，张卫．电气运行维检安全［M］．北京：机械工业出版社，2011.

［2］胡平．发电厂电气运行［M］．北京：中国电力出版社，2012.

［3］陈芳，侯德明．电气运行［M］．郑州：黄河水利出版社，2011.

［4］李桂中，肖久生，等．电气安全技术手册［M］．南宁：广西科学技术出版社，1993.

［5］罗慰擎．电机及其运行与检修［M］．北京：中国水利水电出版社，1998.

［6］广西电力工业局高级工培训教材编委会．电气设备及其运行（一次设备）［M］．北京：中国电力出版社，1997.

［7］全国电力工人技术教育供电委员会．变电运行岗位技能培训教材（220kV）［M］．北京：中国电力出版社，1997.

［8］中国电力企业家协会供电分会．变电运行［M］．北京：中国电力出版社，1999.

［9］江苏省电力工业局，淮安供电公司．变电运行技能培训教材［M］．北京：中国电力出版社，1995.

［10］电力安全与监察培训教材编委会．电气设备及其运行安全与监察［M］．北京：中国水利水电出版社，1998.

［11］范锡普．发电厂电气部分［M］．北京：中国水利电力出版社，1995.

［12］国家电力调度通信中心．电力系统继电保护规定汇编［M］．北京：中国电力出版社，1997.

［13］能源部安全环保司.1985 年电力事故选编［M］．北京：中国水利电力出版社，1989.

［14］杨传箭．电力系统运行［M］．北京：中国电力出版社，1995.

［15］周如曼.330MW 火力发电机组故障分析［M］．北京：中国电力出版社，2000.

［16］夏典书．发电厂电气运行［M］．北京：中国电力出版社，1999.

［17］蒋胜安，运连方．变电站电气运行［M］．北京：中国电力出版社，1999.

［18］梅俊涛．电气运行实习［M］．北京：中国电力出版社，2002.

［19］潘龙德．电气运行［M］．北京：中国电力出版社，2002

陆水电厂电气主接线图

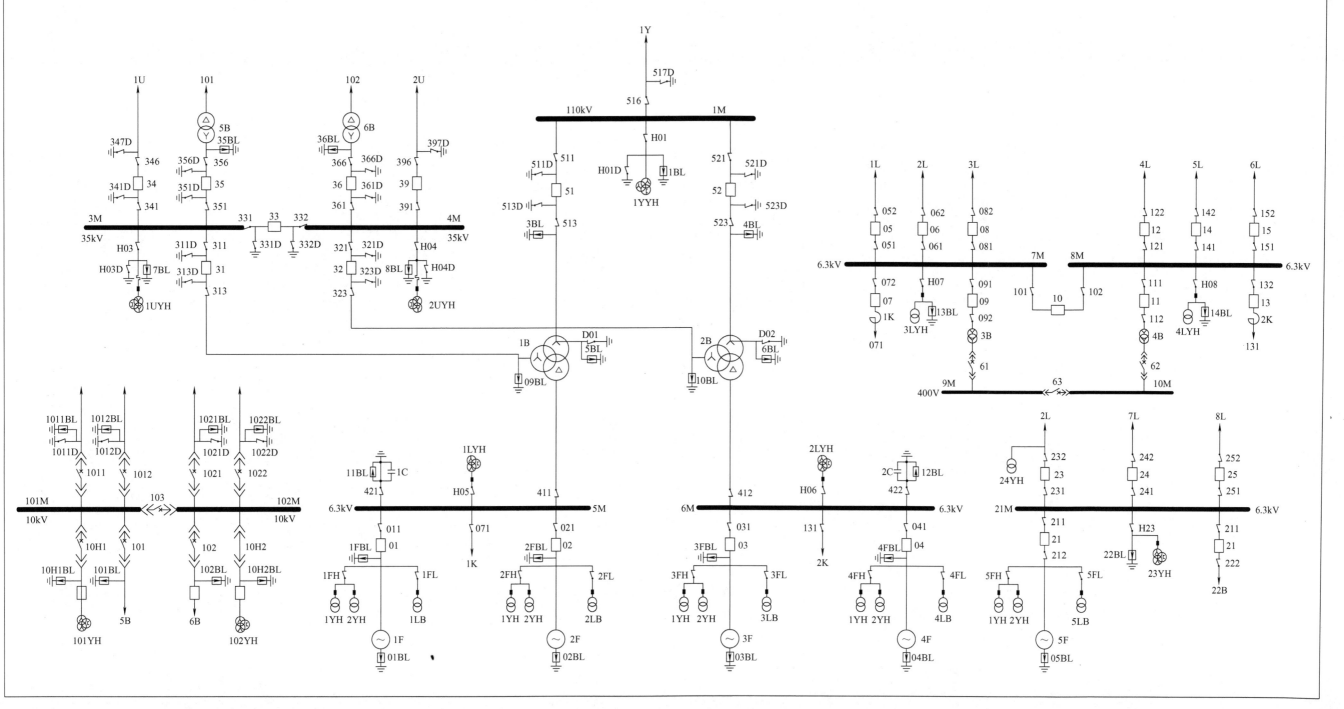

图 6-5 陆水电厂电气主接线⊖

⊖ 为方便与实际生产对应,本图中的部分电路符号未按国标规范。